我国绿色消费模式研究

倪 琳 著

中国环境出版社 · 北京

图书在版编目（CIP）数据

我国绿色消费模式研究/倪琳著. —北京：中国环境出版社，2016.6
ISBN 978-7-5111-2787-7

Ⅰ. ①我… Ⅱ. ①倪… Ⅲ. ①绿色消费—消费模式—研究—中国 Ⅳ. ①D669.3

中国版本图书馆 CIP 数据核字（2016）第 090450 号

出 版 人 王新程
责任编辑 侯华华
责任校对 尹 芳
封面设计 岳 帅

出版发行 中国环境出版社
（100062 北京市东城区广渠门内大街 16 号）
网 址：http://www.cesp.com.cn
电子邮箱：bjgl@cesp.com.cn
联系电话：010-67112765（编辑管理部）
010-67112735（第一分社）
发行热线：010-67125803，010-67113405（传真）
印 刷 北京中环盛元数字图文有限公司
经 销 各地新华书店
版 次 2016 年 6 月第 1 版
印 次 2016 年 6 月第 1 次印刷
开 本 880×1230 1/32
印 张 7.25
字 数 190 千字
定 价 36.00 元

前　言

消费模式作为人们消费关系和行为规范的综合体现，可作为对人们的消费行为进行社会价值判断的依据和理论概括。追求美好生活是人类世代繁衍更替的目标。但追求美好并不等于可以随意消费，因为人类的随意消费行为，改变了自然资源原有的形态和结构，也使环境条件产生了种种不利变化。中国总体已进入工业化和城市化加速期，随着消费规模不断增长，消费对自然资源、生态环境的影响也将日益加剧，原本的资源约束趋紧、环境污染严重、生态系统退化等硬约束将会更加突出。司马迁有言：“明者远见于未萌，而智者避危于无形。”不论从我国自身实现绿色发展的必要性，还是从应对国际社会的舆论压力等角度来看，在消费领域，如何推动绿色消费的扩展和深化已成为实现科学发展的一个重要问题。绿色消费是环保行为在消费领域的体现。然而，我国以生态文明为背景的消费者行为与消费政策研究尚不多见，生态文明与消费模式、消费政策之间的桥梁没有完全建立。因此，结合当前基本国情，我们应积极面对挑战，建设生态文明，提倡绿色消费，加快把消费引导到既有利于合理利用资源、保护环境，又有利于调整结构、拉动国民经济持续平稳较快增长的轨道上来，过程虽然漫长，但这是我国实现绿色发展和“中国梦”的必由之路。

本书运用西方经济学、发展经济学、资源环境经济学、消费经济学、管理学、公共财政学等相关学科的研究成果，基于消费视角有针对性地、系统地探讨人类对资源环境的深刻影响，旨在找到消费模式、消费政策与资源环境的相互影响机理及其在建设生态文明中的作用，研究结论将有利于丰富和促进经济与资源环境领域的研究内容与学科发展，有利于构建绿色消费模式的有关理论体系。本书分析如何通过改进和完善绿色消费发展来加快推进生态文明，丰富物质文明，促进精神文明，发展政治文明，对推动中国特色社会主义理论，把绿色消费研究推向一个新的广度具有重要的理论意义。

本书是作者在中国地质大学（武汉）管理科学与工程博士后流动站工作期间的研究成果。本书立足于我国当前消费模式、消费政策的现状，在借鉴国外绿色消费理论和消费政策经验基础上，作了以下几个方面的探讨与研究：①对我国绿色消费的演变趋势和时空关联进行实证分析，以此来探寻影响中国绿色消费区域差异形成与发展的经济社会根源及其变化规律，有利于在工业化、城镇化、信息化、市场化与国际化背景下的我国绿色消费的手段与措施的完善。②通过科学的评价理论与方法，构建绿色消费发展指数评价指标体系，有利于发现绿色消费发展过程中的不足和薄弱环节，为我国不同区域的绿色消费发展进行科学规划、决策咨询、定量考核和具体实施提供舆论导向与参考依据，引导绿色消费发展的不断深入、扩展和提升。③揭示我国消费模式发展的轨迹与路径，并据此形成科学有效的促进绿色消费的体制和政策体系，有利于提高我国资源环境管理水平，保障生态安全，增强应对全球气候变化和绿色发展的能力，对促进生态文明建设，落实科学发展观，促进社会和谐发展具有积极的现实意义。

为力求数据资料的准确性，本书对于相关的数据和资料的出处，列出了主要参考文献，疏漏之处，敬请谅解。本书同时受到了中国博士后科学基金第六批特别资助项目“我国新型城镇化和生态消费模式协调发展研究”（编号 2013T60756），第 51 批中国博士后科学基金面上资助项目“生态文明视角下的低碳消费模式现状评价及发展对策研究”（编号 2012M511698）的资助。书中大部分研究思路和观点的形成与提炼，得到了中国地质大学（武汉）经济管理学院成金华、张锦高、诸克军、帅传敏、张欢老师和华中科技大学徐长生老师以及武汉大学简新华、齐绍洲老师的指导，在此一并表示衷心的感谢。

目 录

第1章

绿色消费模式的内涵、外延与意义

1.1　绿色消费模式研究综述

美国著名经济学家罗斯托的经济增长阶段理论指出，当社会达到成熟阶段或者成熟阶段以后，社会的主要注意力就从供给转向了需求，从生产问题转到消费问题和最广义的福利问题。消费在整个经济体系中扮演着至关重要的角色，保证了社会经济体系的正常运转。在经济学研究中，人的消费在广义上包括生产性消费和生活性消费，狭义的消费仅指生活性消费，即我们日常生活中所说的消费。生活性消费是指人们为了满足自身需要而消耗的各种物质产品、精神产品和劳动服务的行为和过程。生产性消费往往指在物质资料生产过程中，各种工具、设备、原材料等生产资料和劳动力的使用与耗费。本书所提及的消费，一般指的是狭义的消费。另外，资源既包括自然资源又包括社会资源。本书所涉及的资源主要是指人类可以直接从自然界获得并用于生产和生活的物质，即自然资源。环境也分为自然环境和社会环境。本书所指的环境主要指自然环境。自然环境一般指人类活动周围的各种自然因素的总称。组成自然环境的因素主要有大气、水、土壤、岩石、各种生物、各种矿藏等。资源环境一方面为人类的生存、发展和享受提供物质基础和空间条件，另一方面又承受着人类活动和各种作用的结果。

20 世纪以来，随着工业文明的巨大发展，人类用自己的双手创造了丰富的社会财富，大大提高了人类的物质生活。但是，大量的废料、有毒物质和有害气体的排放，造成了地球资源的耗竭和环境容量的损失，给人类的生存与发展都造成了巨大的障碍，这就是不绿色的消费模式。

关于绿色消费模式的概念界定，国内外学术界有一些论述。国际方面，1987 年英国学者 John Elkington 和 Julia Hailes 在 The Young Green Consumer Guide 一书中第一次提出“绿色消费”概念。书中将绿色消费定义为避免使用下列商品的一种消费：①危及消费者和他人健康的产品；②在生产、使用或废弃中明显伤害环境的产品；③在生产、使用或丢弃期间不相称地消耗大量资源的产品；④带有过分包装、多余特征的产品或由于产品寿命过短等原因引起不必要浪费的产品；⑤从濒临灭绝的物种或者环境资源中获得材料，用以制成的产品；⑥包含了虐待动物、不必要的乱捕滥猎行为的产品；⑦对别国特别是发展中国家造成不利影响的产品。其后，也有人对绿色消费做了进一步阐述，但基本上变化不太大。20 世纪 90 年代末，消费的“下游效应”和“反弹效用”重新受到国际社会的重视，人们开始逐渐反思“重生产、重技术、轻消费”的局限性，越来越多的国家和国际组织展开了对绿色消费的研究和实践。1992 年召开的联合国人类环境与发展大会通过的《21 世纪议程》中尽管没有正式给出绿色消费的定义，但其核心思想——一部分人的消费不能以损害当代人和后代人的利益为代价，体现了绿色消费的实质。1994 年奥斯陆国际会议把绿色消费定义为：在使用最小化的能源、有毒原材料排入生物圈内的污染物最小化以不危及后代生存的同时，产品和服务既要满足生活的基本需要又可使生活质量得到进一步的完善。Carlson 认为绿色消费指消费者在购买、使用或处置产品时考虑自身行为对环境的影响，尽量做到最小化负面影响，最大化长期利益等。UNEP 综合了对多种定义的维度，它是这样定义的：“存在一系列关键性的问题，诸如满足需要，提高生活品质，提高效率，减少浪费，采用生命周期的观点同时考虑代际的公平性，与此同时继续减少环境危害以及对人类健康造成的风险”。目前，国际上普遍认可的绿色消费的“5R”原则是：节约资源、减少污染（Reduce）；绿色生活、环保选购（Reevaluate）；重复使用、多次利用（Reuse）；分类回收、循环再生（Recycle）；保护自然、万物共存（Rescue）。

在国内，学者们对绿色消费也有不同的理解。学者们从不同的理论视角对绿色消费有不同的界定。例如，中国消费者协会认为“绿色消费”主要有三层含义：一是在消费内容上，倡导消费者选择未被污染或有助于公众健康的绿色产品；二是消费过程中注重对垃圾的处置，尽量减少环境污染；三是引导消费者崇尚自然，追求健康。这些界定所论述的绿色消费的内涵和本质有着基本的一致性。

总体来看，国内外关于绿色消费的理论基础研究已基本成熟。学术界在绿色消费的基础研究方面积累了许多宝贵经验，对于我国提高消费水平、改善消费结构、加强消费环境管理起到了积极作用，但是仍然存在以下不足：

（1）定性研究的深度和广度都略显不足。

相关定性研究的深度和广度都略显不足，理论上缺乏系统性，实践上缺乏可操作性，中国特色性不够。具体表现为：第一，缺乏对中国特色消费模式的足够重视。消费主义泛滥造成的过度消费是发达工业化国家环境恶化的主要原因。与国外相比，我国客观上存在着显著的区域消费不平衡，这是由经济发展水平的区域不平衡等经济因素以及社会因素、人口因素、技术因素等共同造成的。所以，我国生态环境的破坏一方面与贫困密切相关，另一方面，在工业化和城市化加速发展过程中，随着文化多元化的不断推进，发达工业化国家现代消费文化开始被部分社会成员所认同，西方富国消费模式的示范效应日益增强，也使得过度消费和奢侈消费对环境恶化的影响越来越大。第二，在现有的研究中，更多的是从居民生活消费的角度去探讨绿色消费模式，而对于消费领域中的另外几个重要主体——政府、企业以及非政府组织在绿色消费模式中的角色和作用的研究较少，使得当前绿色消费模式的研究不够全面和系统。因此，针对我国的国情特点，需要对绿色消费模式进行具体研究，并且提出符合我国国情的政策建议。

（2）定量评价绿色消费模式的研究不多。

国内大多数研究侧重论述消费模式转型的必要性，或者更关注消费对于促进经济发展的作用，更多的是一种价值观层面的倡导，对指标体系研究以及实证研究相对不足。现有的对中国绿色消费评价的研究有以下三个方面需要改进：第一，有的指标体系由于缺少科学性和封闭性，对绿色消费发展的认识产生了偏差；有的指标体系缺少可操作性的评价指标而未能展开实际运用。第二，指标权重结构的确定大多采用主观赋值的方法，并未考虑数据自身的特征。第三，对绿色消费发展状态的全国和各地较长时期的全面测度、区域差异及动态演化的成果也相对较少。

总之，许多文献也曾指出建立绿色消费模式，绿色消费的研究尚未形成适合我国国情的理论体系，生态文明与消费模式、消费政策和消费引导之间的桥梁没有建立。现有的消费理论难以揭示绿色消费深层次的问题，也不可能解决绿色消费和发展中的一些重要理论和实践问题。鉴于以上问题的存在，本书在现有文献的基础上，从消费的视角探讨人类活动与资源环境相互作用，以期更深入地认识资源环境压力的来源和成因。并从绿色消费的角度进一步探讨政府如何加强对居民绿色消费的政策引领，通过这种尝试和创新，希望能弥补研究中忽视消费和消费政策的缺陷。

本书认为绿色消费模式是指在满足人们基本生活需要和提高生活质量基础之上的节约、环保、高效、可持续的消费方式，它是既要满足当代人的不断增长的消费需求，又不危及后代人满足其需求的与经济、社会、资源、环境相协调的消费模式。绿色消费模式要求人们在消费过程中不仅要考虑个人感受，还要考虑生态后果和社会后果，在消费领域应当做到个人价值与资源环境价值、社会价值取向并重，促进资源节约和环境友好。即：一是引导消费者崇尚自然，追求健康，倡导选择未被污染或有助于公众健康的绿色产品消费；二是客观的资源环境条件下，消费过程中注重对垃圾的处置，最大限度地减少消费过程中自然资源的消耗，最大限度地减少对环境的污染和生态的破坏；三是还应当考虑后代人至少享有相同的消费机会，实现代内和代际的公平。当然，绿色消费模式既涉及自然资源的"开源"（发展可再生资源），又涉及"节流"（节约利用不可再生资源），两者对于实现绿色消费模式的目标来说，是同等重要的。本书研究的主要精力放在后者上，即探索假设当一个社会的资源环境存量处于一定的情况下，如何构建绿色消费模式的问题。

1.2　我国建立绿色消费模式的具体内容

绿色消费模式对我国现有的消费水平、消费结构、消费方式都提出了新的要求。正如《左传·庄公二十四年》所云，"俭，德之共也；侈，恶之大也"。我们既要反对过分节俭、只满足温饱而忽视消费的发展性和享受性，又要反对奢侈消费，忽视资源耗竭和环境破坏，忽视代内与代际公正，忽视消费的"绿色性"。绿色消费模式是以绿色为中心，对现行的消费水平、消费结构、消费方式、消费规模、消费环境进行全面的完善，是适度的消费水平、合理的消费结构、绿色的消费方式、增长的消费规模、和谐的消费环境的有机统一。

1.2.1　消费水平适度

绿色消费同居民消费水平的适度是密不可分的。尤其在现阶段我国居民的消费水平还较低的国情下，消费水平适度既是一种无法遏制的强烈愿望，也是中国特色社会主义制度的本质要求。消费水平的适度可从不同角度来考察。就宏观经济角度而言，它是指消费水平将呈现上升趋势，但每个时期消费水平的提升应是适度的，即消费水平要与经济发展水平和资源环境承载力相适应。在这里，应注意以下两种倾向：第一，消费水平不能落后于经济发展水平。这是因为消费水平下降后，人们的物质消费减少了，其结果除了可能出现生产过剩外，人的需求也被抑制了，这不利于劳动者体力、智力的全面发展，也不利于社会经济的绿色发展。第二，消费水平不能超过经济发展水平和资源环境的承载力。这是因为在资源的硬约束下，积累水平和消费水平的提高要遵循一定的比例关系，现有的积累水平和生产规模不可能随着当时消费水平的任意膨胀而扩大。当社会上的物质产品不能实现很快的增长时，必然会使物价上涨。其结果是居民的消费水平并没有得到实际提高和居民面对高物价的无奈；特别当消费水平过快提高时，由于居民的消费对象往往会集中于某些产品，这就会通过市场需求信息促使企业扩大这些产品的生产规模，这既会增加对某些资源的过度需求，还可能造成对这些资源的利用效率的降低。而在开放经济体系下，当国内生产难以满足国内消费需要时，则须从国外引进消费品，其结果将是一国的对外贸易入不敷出，长此以往将带来国际收支的逆差，损害了对外经济的均衡。消费率是衡量一国消费水平的重要指标。消费率过高或过低，会引起需求过旺或商品过剩，造成资源浪费。因此，要按照适当增长的标准来调节消费率。

就微观消费者个人而言，适度的消费水平要与个人收入水平和资源环境的可承载能力相适应。当消费超过个人收入水平和资源环境的可承载能力时，就会产生过度消费，所谓过度消费是指把未来可能挣到的钱过量地用于现期消费，仅根据自身消费欲望而恣意索取的消费行为。过度消费并没有充分考虑收入水平和资源环境的可承载能力，这种消费行为所引起的负效应是资源耗竭、环境污染，其社会影响是享乐主义、拜金主义蔓延，它所拉动的经济繁荣只是短暂的、一时的繁荣。

1.2.2　消费结构合理

绿色消费模式既强化了消费水平的适度，又突出消费结构的合理。一是保持城乡、区域之间居民消费结构的平衡。二是将消费与人的全面发展有机结合起来，促进物质性消费与精神性消费的平衡。既要满足人们的物质需求，也要满足人们的精神需求。必要的物质消费是满足人的基本需求的手段，适当的精神文化消费是实现人的全面发展、保证获得幸福感的重要途径，在消费结构中应适当提高各类精神文化消费的比重，使消费与社会、经济、自然的发展相适应。三是维持生存型消费、发展型消费与享受型消费的平衡，保证生存型消费，鼓励发展型消费，适当发展享受型消费。生存性消费是为了满足生存需要而激发的消费动机。生存型消费是人类为了维持自身生存而产生的对基本生活用品的需求。如果这种需求得不到满足，就会产生严重的社会问题。发展性消费是为了满足个体的发展需求而引起的消费动机。发展需求是人们对发展自己的体力、智力，提高个人才能所必需的消费品的需求。享受型消费是由于消费者对享受资料的需求而产生的消费动机。享受资料的需求是人们为了提高生活质量，增添生活乐趣而产生的对各种娱乐、享受消费品的需求。人们在吃饱穿暖、有栖身之所之后，还要吃得健康营养、穿得美观舒适、住得宽敞明亮，要充分享受各种日新月异的现代化生活设施和用具。随着经济的发展和社会的进步，人们的消费结构发展趋势是：生存资料在消费结构中的比重逐渐下降，享受资料、发展资料的比重逐渐上升，而享受资料、发展资料的消费，越来越多地由物质消费转向精神消费。四是保证代内与代际的消费结构的公正，即所有国家、民族、公民都享有平等的消费权利，当代人和后代人享有共同的消费利益，当代人的消费不能危及后代人的消费能力，消费的目的不只是为了使当前的生存需求更加充实丰富，还应考虑更长远的、更高层次的享受消费和发展需要。应当把增强自身能力、增强后代人能力的消费放在重要位置，即在很大程度上体现为增加教育和培训消费，绿色消费模式是可持续发展在消费领域本质的表现。

1.2.3 消费方式健康、绿色和低碳

消费方式回答了消费者怎样拥有和拥有怎样的消费手段与对象，以及怎样利用它们来满足自身需要的问题。绿色消费模式以保护资源环境为前提，以保护消费者健康为宗旨，强调人们的消费过程应更加健康、绿色和低碳，尽量消费绿色产品。健康、绿色和低碳的消费方式要求人们在消费商品和服务时，不盲目随从、迷信各种奢侈型、污染型等不合理的消费方式，而应积极发挥自己的主观能动性，用科学知识来指导和规范消费，使人们的消费方式满足科学、健康的要求，并且不至于造成对自然资源浪费和生态环境的破坏，使消费向有利于绿色发展的方向转变。绿色的消费方式既有利于社会成员身心健康发展，又有利于提高生活质量、丰富生活情趣。如在食物消费上选择以低碳饮食为主，多样食物搭配的膳食消费结构，政府也应采取必要的税收手段引导居民形成绿色、适度消费的食物消费观，反对奢侈浪费的食物消费方式；在服饰消费上追求自然和谐，更多地选择生态服饰；在住宅消费上更加重视住房的环保节能，减少对环境的污染；在出行消费方面更多地选择低碳交通工具等。总之，科学消费方式以消费合理化为目标，体现自然资源和消费资料的合理利用，有利于资源节约和环境友好。

1.2.4 消费规模增长

绿色消费追求物质财富的增长和公众福祉的提高。以互联网本地生活服务为例，据中国软件资讯网 2016 年 3 月 12 日消息，移动互联网时代的来临，使得不仅是“80 后”、“90 后”为代表的年轻群体，甚至包括老人、家庭主妇、偏远小区业主等特殊群体在内的消

费者，也开始热衷于通过APP来下单进行消费，其中尤以餐饮、电影、KTV、美容美发为典型代表。根据比达咨询（BigData-Research）发布的《2015年中国移动互联网行业发展报告》，2015年中国互联网本地生活服务市场收入规模达3 825.1亿元，较2014年的2 892.5亿元同比增长了32.24%。在本地生活服务市场中的占比从5.1%增至6%。从用户规模来看，2015年中国互联网本地生活服务市场用户规模达3.2亿人，较2014年的2.7亿人同比增长18.5%。

1.2.5 消费环境和谐

消费越活跃，企业获利就越丰厚，经济也就越繁荣，国家实力也就越强，而这一切都需要一个基础，那就是消费环境和谐。消费环境包括自然环境与社会环境两方面。自然环境是人和社会可持续发展的物质载体，它对于满足人民群众日益增长的绿色消费需要、提高绿色消费质量具有极端重要性。社会环境是指消费者在消费时面临的各种社会因素。社会环境的影响主要包括亲朋好友的实际消费行为、口传信息、社会风气等方面。和谐的消费环境是和谐社会的必然要求，是检验和谐社会的基本因素。没有消费环境的和谐，也就没有整个社会关系的和谐。消费环境的和谐运行和发展，对整个社会关系和谐稳定有着重要的作用。和谐的消费环境有利于改善人们的绿色消费状况，是消费者放心消费和理性消费的保障。营造和谐消费环境，旨在推动经营者、消费者、政府部门履行应尽社会职责，发动各方面的力量，共同消除消费环境中的不和谐因素，促进拉动国内消费需求，意义十分重大。

我国的绿色消费偏低的最根本的原因是我国的消费环境（包括自然环境和社会环境）亟待改善。我国当前消费环境中的不和谐状况令人瞩目，并且涉及衣、食、住、行等社会生活的各个领域。例如：过度消费、商家不诚信经营、商品安全事故频繁出现、消费者维权成本高、信息不对称等。其中，消费者维权成本高助长了经营者不诚信的行为，使消费者和经营者的冲突更加严重。信息的不对称让消费者受骗的可能性增大，使消费环境无法和谐。只有改善消费环境特别是社会环境，消除消费恐惧，降低人们的消费风险，增加人们积极的消费预期，才能提高消费者的消费水平。

1.3 绿色消费模式的性质

健康文明的消费模式必须做到消费规模适度，消费结构合理，消费方式科学。绿色消费模式具有如下 6 个方面的性质。

1.3.1 节约性

消费节约是建设节约型社会的主要途径。绿色消费模式产生于资源稀缺的时代背景下，注定了要考虑资源的节约、集约利用问题。绿色消费模式强调消费者的消费过程应更加科学、理性与文明，以保护资源环境为前提，以保护消费者健康为宗旨，不仅要追求自身效用最大化，而且要更好地节约现有资源能源，对稀缺资源进行优化配置，消费绿色产品，循环节约利用再生资源，减少浪费，以尽可能少的资源消耗和废弃物排放，走节约资源的绿色消费途径，满足人民日益增长的物质文化需求，以实现资源、环境与人相和谐。

1.3.2 高效性

构建绿色消费模式，不是强调过分节俭乃至自我压抑，反对消费。绿色消费模式表现为在正确认识和尊重人类消费活动与自然资源消耗、生存环境质量、社会经济发展以及人类长远生存发展之间的辩证关系的基础上，通过提高自然资源在生产、流通和消费环节的经济效益的同时，使物质财富增长不再侵蚀自然财富和人文财富，让有限的资源得到最大化利用，实现消费的更大满足，从而合理刺激与引导社会再生产的扩大和进行，实现物质财富、自然财富和人文财富的协调增长，促进人与资源、环境的和谐共生；绿色消费模式还强调使人们的生活质量随着经济和社会发展而得以提高。所以，绿色消费模式的建设是拓展更为丰富和广阔的消费空间，创造更高级、更多样的消费需求，其目标是在发展过程中追求消费效率的最大化，是对传统的不可持续的低端消费的摒弃，迎合了我国广大消费者追求高质量消费的愿望。

1.3.3　环保性

环境就是民生，良好生态环境是最普惠的民生福祉，是最公平的公共产品。消费者自身消费行为的改变会对环境保护带来重要影响，绿色消费模式是环保行为在消费领域的体现，需要消费活动以环保为前提，在消费过程中的每个细节时时关注环保，提倡环保选购，减少对生态环境的不良影响。同时，企业必须树立绿色生产理念，在原材料采购、生产标准、运输贮存等方面，坚持环保标准，实施严格监管。绿色消费模式不仅是人类重视自身生存质量的必然结果，也是解决经济发展与环境保护矛盾的必然选择。

1.3.4　适度性

《左传·隐公三年》云，“骄奢淫逸，所自邪也”。林语堂曾写道：“大自然本身永远是一个疗养院。它即使不能治愈别的疾病，但至少能治愈人类的自大狂症。人类应被安置于适当的尺寸内，并须永远被安置在大自然做背景的地位上，这就是中国山水画中人物总被画的极渺小的理由”。“八荣八耻”认为，“以艰苦奋斗为荣，以骄奢淫逸为耻”。这些都提出了适度的理念。适度是指要保证扩大消费与厉行节约的有机统一，通过节约资源能源、保护环境，促进生活空间宜居适度，为当代和后人的长远发展留有余地。量力而行，取之有度。就微观消费者个人而言，适度的消费水平要与经济发展水平、个人收入水平和资源环境的可承载能力相适应。

1.3.5 可持续性

可持续性即要求人们充分考虑自身的消费行为对后代人及其当代人的影响，保证当代人和后代人的消费需求及其实现能力应不断地由低层次向高层次递进。当代人和后代人享有共同的消费利益，当代人应注意消费合理的权益，理性限制自身过度膨胀的物质欲，为当代和后代人的长远发展留有余地。既不能因为照顾后代人的消费而消极地节制性消费，从而使当代人在资源开发和利用上的能动性被扼杀；同时，也不能以损害当代的另一部分人或后代人的消费能力为代价。绿色消费是可持续发展理念在消费中最根本的体现，绿色消费作为可持续发展的组成部分和实现机制，能促成社会、经济、资源、环境进入良性的发展轨道。

1.3.6 协调性

绿色消费模式既应体现个人或家庭的效益，也应体现整个社会的公共效益，是从个人价值向个人价值与社会价值相协调境界的不断升华。协调性体现在：第一，使用效率优先和兼顾公平分配制度的协调。鼓励一部分人和地区通过诚实劳动先富起来，并根据不同的收入水平分层次地形成不同的消费行为，体现效率优先；同时，以一定的经济手段缩小居民贫富之间的差距，面向社会提供相对公平的商品和服务，有利于广大社会成员的全面发展和更合理地开发利用资源和保护环境。第二，协调性还体现在从物质消费与精神消费彼此统一的角度考虑问题。要将消费与人的全面发展有机结合起来，促进物质性消费与精神性消费的平衡，维持生存型消费、发展型消费与享受型消费的平衡，保证生存型消费，鼓励发展型消费，适当发展享受型消费。

1.4　绿色消费模式的影响因素

对消费者行为的重视可追溯到马克思以前的古典经济学，马克思关于“消费也是生产”、“生产与消费同一性”的原理对于分析消费行为在社会经济中的作用迄今仍有指导和启发。绿色消费模式的构建，很大程度上是因为资源的储量是有限的，环境的承载能力是有限的。消费模式的绿色转型既包括生产绿色产品、开发绿色技术、提供绿色服务、进行绿色包装等看得见、摸得着的具体形态的转变，也包括人们在思想观念、价值诉求等精神层面的转变。只有在理念上、意识上等心理因素真正实现了根本性的转变，各社会主体才能在自觉的消费中按照绿色发展的要求进行决策和行动。因此，绿色消费模式受到很多因素的影响和制约，涉及资源环境状态、经济因素、社会因素等方面，只有科学地认识绿色消费模式的影响因素，才能科学地解读并规划绿色消费模式。

1.4.1　资源环境因素

人的绿色生存依赖于自然环境。恩格斯在《自然辩证法》中曾告诫人们:“我们统治自然界，绝不像征服者统治异族一样，相反地，我们连同我们的肉、血和头脑都是属于自然界，存在于自然界的；我们对自然的整个统治，是在于我们比其他动物强，能够认识和正确运用自然规律”。为了使自然免于崩溃，保证人类绿色地消费下去，人们必须在不超过自然供给阈值的基础上科学开发、合理利用、节约使用自然资源，不仅要使当代人自然资源的总存量基本保持不变，同时也要保证下代人自然资源可消费的水平不至于降低，唯有如此，人们才有实现绿色消费的最基本保障。

1.4.2 经济因素

1.4.2.1 价格

消费者更加关心绿色消费给自己带来的经济回报，其实也就是价格与经济利益问题。自然资源的价格问题是引导绿色消费模式的内在重要因素。价格机制对资源的优化配置是建立在准确反映价值的价格基础之上的。资源的价格不仅要反映供求状态，而且要反映资源的稀缺性。绿色消费者通常是意见领导者，对价格敏感，喜欢尝试新产品。我国已经落实了一些绿色消费补贴政策，但与国外相比，补贴的范围和力度都较小，补贴方式较为单一，效果也因此有所折扣，应进一步研究相关政策，通过价格优势鼓励消费者选择绿色产品。

1.4.2.2 产业结构

现阶段，我国加大了产业结构调整力度，积极支持自主创新产品推广应用，清洁能源等一批新兴产业得以快速发展。从长期发展来看，在产业结构调整过程中实现资源环境与发展的双赢是奠定绿色消费的最佳方式。关于绿色产业，国际绿色产业联合会的解释为："如果产业在生产过程中，基于环保考虑，借助科技，以绿色生产机制力求在资源使用上节约以及污染减少（节能减排），我们即可称其为绿色产业。"绿色消费建设要依靠绿色产业的健康发展和强力支撑：一是通过加速推进生产方式绿色转型，对传统产业进行"绿色化"改造；二是要发展新的绿色产业，如绿色服务业，构建新型绿色产业体系；三是发挥绿色产业的综合性、高科技性和对其他产业的带动性。就具体产业而言，旅游业就是典型的绿色产业、生态产业、低碳产业，是建设美丽中国的战略性支柱产业。总体而言，我国当前对生产者对绿色产品的应对措施的研究还有待深入，特别是企业如何抓住绿色消费机遇，逐步通过产业升级、规模化生产来降低成本，能使绿色消费产品让广大消费者乐于购买还有待深入。

1.4.2.3　消费政策

中国历代统治者从维护统治的需要，也曾采取过一些具有积极意义的措施和作出一些有关资源保护的训令来引导人们的消费理念。据《旧唐书》记载，中唐时期，朝政腐败，生活糜烂。朝中及地方官僚竞相以“奇鸟异兽毛羽”攀比织裙，以至于许多鸟兽“采之殆尽”。唐玄宗从整治朝政，革除时弊的需要出发，作出禁令，不准制作穿戴这类奇异的毛羽织物。但是，我们也应看到，我国古代关于消费领域要加强自然资源保护利用的朴实观念，几乎都是从属于时政，没有形成系统的绿色消费的管理体系。

消费政策的基点要以人为本、长期稳定。当前，我国绿色消费始终难以启动，在一定程度上是在公共产品的供给上财政严重不足带来的后果。应采取完善社会保障制度、理顺收入分配机制、大力发展居民消费信贷市场等政策措施来促进居民绿色消费。通过形成或者增强对绿色消费的正式制度约束和非正式制度约束，实现现行的消费模式向绿色消费模式的转变。

1.4.3　社会因素

绿色消费模式是个体层面上的消费行为在宏观上的体现。作为一种社会建构，消费模式必然受到其他社会因素的影响和制约。我国目前正处在社会转型期，特殊的发展阶段构造了绿色消费模式特殊的社会属性和社会特征。总体而言，影响绿色消费模式的社会因素的研究成果大体可以归结为以下这些方面：社会阶层、心理变量、人口统计因素等。

1.4.3.1 社会阶层

社会阶层对消费的影响体现为人们在社会阶层中的状况影响了他们的消费水平和消费方式。人们的消费模式实际上是围绕着自己的阶层认同来构建的。社会成员是可以划分为很多层次。根据个体对财富、权力和能力等资源的占有状况，每个人会处于一定的社会阶层。改革开放以后，我国的社会阶层开始分化，由改革开放以前的同质化社会逐渐演化为两极分化比较严重的社会。与社会阶层分化相伴随的是我国居民的消费模式呈现出阶层化的特征。阶层意识是指某一社会阶层的人意识到自己属于一个具有共同的政治和经济利益的独特群体的程度。一般来说，同一社会阶层的消费者的消费模式具有较大的相似性，不同社会阶层的消费者的消费模式则具有较大的差异性。杜森贝利的相对收入消费理论所归纳的“示范效应”就曾指出，“如果一个人收入增加了，周围人或自己同一阶层人收入也同比例增加了，则他的消费在收入中的比例并不会变化，而如果别人收入和消费增加了，他的收入并没有增加，但因顾及他在社会上的相对地位，也会尽量提高自己的消费水平”。阶层内部的自我认同在绿色消费模式的形成中具有重要的影响。从消费水平上看，社会上层的成员的消费更加侧重于通过自身的消费行为满足精神方面的需要。而社会下层的成员更多地进行纯粹物质性的消费，其精神方面的满足或享受则相对较弱。

1.4.3.2 心理变量

消费者对绿色消费的态度、主观规范和知觉行为控制以及意向等因素都有可能对绿色消费行为产生影响。当消费者认为绿色消费符合社会规范时，消费者才更有可能从事绿色消费。例如，Peloza等研究表明，增加消费者的自我担当会启动消费者因不购买绿色产品而产生的预期内疚感，从而提升消费者对绿色产品的偏好。当消费者有较强的自我担当时，消费者对通过环保的利他诉求促销的产品比通过利己诉求促销的产品有更积极的响应。

值得一提的是，需要了解和引导消费者的购买行为，目前学界就消费者绿色消费行为的心理归因的研究相对缺乏。展刘洋等的研究也表明：在绿色消费意识方面，绝大多数消费者对有利于减少污染、保护环境的行为持支持态度，同时认为绿色消费对保护环境能起到一定作用，但与此同时，在生活中区分绿色商品与非绿色商品还存在较多困难与误区，对绿色消费的认知水平还有待进一步提高，消费者所掌握的相关知识不足以正确指导绿色消费。因此，现阶段，消费者要从转变自身消费观念开始，改变铺张浪费的消费观，在日常生活中厉行节约，践行绿色健康的生活方式。同时，政府和一些社会团体要加强对绿色消费相关知识的普遍指导与宣传，培育绿色消费的价值观。

1.4.3.3　人口统计因素

绿色消费的一些研究者试图通过消费者人口统计特征上的差异找到那些关注环境问题、对绿色消费有强烈偏好的消费者。根据莫迪利安尼的生命周期的消费理论：人们会在更长时间范围内计划他们的生活消费开支，以达到他们在整个生命周期内消费的最佳配置。如果社会上年轻人和老年人比例增大，则消费倾向会有所提高，如果社会上中年人比例增大，消费倾向会有所降低。因此，总消费会部分地受人口年龄结构影响。在其他条件既定时，人口因素的变化成为绿色消费模式的重要决定因素。绿色消费模式要求的人口状态应是适度的人口规模、合理的人口结构、优良的人口素质。人口过剩与人口不足都不是绿色发展的人口目标。人口过剩难以保证消费的绿色性，而人口不足则不能保证绿色发展所需的人力资本和动力。

1.5 我国建立绿色消费模式的意义

绿色消费是人类在对非理性消费活动中进行反省和批判过程中兴起的，是环保行为在消费领域的体现。绿色消费模式的建立具有以下的意义。

（1）建立绿色消费模式是建设生态文明的重要内容。

人类文明分别经历了原始文明、农业文明及工业文明几个阶段。生态文明标志着一种崭新的文明，生态文明建设的核心内容就是通过人与人、人与自然和谐相处，实现社会、经济、资源环境的可持续发展。在经济快速发展的背景下，水污染、雾霾天气、能源短缺等现象使环境保护得到越来越广泛的关注。我国现有的传统粗放型消费模式以物质的高消耗为代价，破坏了人与自然的和谐发展，随着人口的不断增长和人们消费水平的不断提高，消费量日益增大，这种消费模式将造成更大的资源浪费和环境污染问题，也在一定程度上抵消了消费需求对经济的拉动作用，消费问题已成为制约我国经济发展的主要“瓶颈”。

当前，中国经济进入以深化改革、优化结构、加快创新、减速提质为特征的新常态，我国要建设生态文明，就必须调整与完善现行消费模式，发展绿色消费，把消费引导到既有利于合理利用资源、保护环境，又有利于扩大消费、拉动国民经济增长的轨道上来。这是因为，绿色消费模式体现了一种新型的生态文明观，它是有着较高生活水平而又不浪费资源的理性消费模式，它要求提高全民生态文明意识，坚决抵制和反对各种形式的不合理消费、奢侈浪费，在消费的同时要充分考虑资源环境的承载能力，注重节约资源，保护、培育优美的绿色生态环境，协调好人与自然的关系，认为人类的生存发展不应该干扰自然界物种的多样性发展，不能随意剥夺其他生物的生存权，人类对生态系统的完整性和多样性负有无可推卸的重要责任。在目前世界经济增长动力不足的情况下，培育和发展绿色消费，对于推动全民在衣、食、住、行、游等方面加快向勤俭节约、绿色低碳、文明健康的方式转变，修复人与自然之间的物质变换断裂以及优化和谐的消费环境具有重要的意义。在满足生态环境保护需要的基础上实施绿色消费，是新的历史时期人们生产生活方式转变的集中体现，更是全民参与大力推进生态文明建设的重要途径。绿色消费是当代消费发展的大方向，将为我国整个社会带来一次文明、和谐消费的革命。构建绿色消费模式是我国实现“中国梦”的必由之路。

（2）建立绿色消费模式能够促进人的全面发展。

消费模式对人类自身全面发展也有相当的影响。不可否认，人们美好生活的基础是丰衣足食，但并非物质生活资料越多越好，现实中的浪费消费、愚昧消费、掠夺消费、奢侈消费等对过量物质的追求，迫使人们必须加快生活节奏，减少闲暇时间，努力工作来满足这种欲望，物质消费过度，精神生活匮乏正是制约人类生活品质提高的根本性因素，这样不仅对身心造成了巨大的压力，而且不利于人的个性的全面发展。以人为本是科学发展观的核心，在消费领域的“以人为本”，就是把满足人的生存、享受、发展需求和促进人的全面发展作为出发点和落脚点。我国当前严峻的生态问题，使生态需要成为人民群众的基本需要，满足生态需要成为满足人的全面需求和促进人的全面发展的具体体现。而生态需要的满足只能通过绿色消费来具体体现。绿色的消费模式除了满足适度的物质追求目标外，更重要的是绿色消费是一种新的消费文化和消费理念，体现了“以人为本”的哲学思想，它要求消费者在消费过程克服消费的陋习，摒弃“人类中心论”“万物皆备于人”的思维模式，建立成体系并契合自然生态发展规律的文化价值观，通过消费彰显自己的个性，丰富自己的精神生活。而且，丰富的精神生活可以体现自己的创新能力和鉴赏能力，激发人的思想、灵感和意志；启迪人的智慧，在享受和乐趣中实现个性的全面自由发展，改变对过度消费的盲从，而简朴充实的精神生活则能推动人类由物质生活方式向精神生活方式过渡。况且，精神文化消费品对资源的压力较轻，并且可以重复使用。此外，消费模式与社会的人口现状有着密切的联系。当前我国人口总数依然很大，按照人口平均数计算的经济发展水平和人们的消费水平比较低，人均资源占有量少，再加上人口的城乡结构、年龄结构及家庭结构等人口结构因素都将会在消费水平、消费结构和消费方式等方面对消费模式产生较大的影响。针对这些人口特点，我们应当倡导绿色消费模式，绿色消费模式不仅有利于减缓因人口规模增长带来的种种资源环境压力，而且在满足人口消费需要的同时促进社会经济的可持续发展。因此，建立绿色消费模式体现了社会永续发展的绿色要求，是生态意识日益渗透人类生活而产生巨大变革的产物，更是人类自我超越的一种理念。形成绿色文明、健康的消费方式，有利于全面满足人类物质、精神、生态需要，使人民群众过上真正幸福的生活。更进一步说，建立绿色消费正是实践科学发展观的重要体现。体现了以人为中心的、以实现人的发展和社会全面进步为目的的社会发展观，有利于实现人类社会公平、合理和可持续发展。

（3）建立绿色消费模式有利于促进社会的和谐发展。

绿色消费的代内公平消费，要求任何国家和地区的消费不能以损害其他国家和地区为代价。即在国际范围内，国家利益必须服从全球利益；在一个国家范围内，地区利益必须服从国家利益。代内公平消费的关键是要在全球、国家和地区范围内防止和消灭贫富两极分化。这是因为，资源浪费和环境破坏的根本原因，既有贫困者为求温饱而不得不掠夺式地利用资源，也有富裕者为求最大利润和奢侈享受而滥用资源。绿色消费的代际公平消费，要求当代人能够自觉地担当起在不同代际之间合理分配与消费资源的责任。由于资源的代际分配与消费中，本代人同后代人相比，处于一种唯一的和无竞争的地位，后代人只能接受其前辈遗留下来的既成的资源环境容量。对于可再生资源来说，如果由于本代人采用不科学的消费方式，破坏了资源可再生的条件，会对后代人消费产生消极影响。对于不可再生的资源来说，本代人利用了，下代人就再也无法利用。所以，如果本代人在利用资源的时候，因过度消费而剥夺了后代人使用资源的权利，对后代人的生存也会造成不应有的消极影响。无论上述哪一种情况，都存在一个代际消费不公问题，这是当今消费社会面临的危机。社会主义是我国基本的社会制度，这是我国消费模式构建的总体背景，它规定了我们要在什么样的制度框架中构建消费模式。我国的消费模式要体现、适应、促进并巩固它赖以建立的制度基础——社会主义。集中表现在：第一，物质消费上不能搞两极分化；第二，在精神消费上也要体现社会主义制度的本质要求，这包括：人的全面发展，整个社会的精神文明以及使人的消费行为置于道德规范的约束之下等。第三，提倡社会生产以满足人民群众不断增长的物质和文化需要为发展的基本理念，确保消费水平在长期中稳步提高，处理好积累与消费、现期消费与未来消费的关系。总之，根据社会主义制度的本质要求，我国绿色消费模式的构建和实施要能和谐各方面的关系。由以上分析可知，绿色消费模式能将人今天的需求和明天的需求、现代人的需求和未来人的需求有机地统一，具有满足代内和代际的公平消费的功能，有利于促进社会的和谐发展。

（4）建立绿色消费是我国实现绿色经济发展的根本途径。

只有加快绿色发展，才能形成节约资源和保护环境的空间格局、产业结构、生产方式、生活方式，从源头上扭转我国生态环境恶化趋势；只有加快绿色发展，才能实现绿色转型，给农业留下更多良田，给自然留下更多修复空间，给子孙后代留下天蓝、地绿、水净的美好家园。从而营造良好的生态环境。党的十六大以来，我党领导人先后提出了科学发展观、建设资源节约型环境友好型社会、建设生态文明、构建和谐社会等重要战略思想，归结到一点，就是中国必须实现绿色发展。

发展绿色消费，可为加快绿色发展创造条件。第一，发展绿色消费，将使人们的绿色观念、环保观念牢固地树立起来，一旦消费者拥有了绿色消费意识，他们就会优化消费结构，选择未被污染或有助于公众健康的绿色产品，形成科学、文明、健康的消费方式，通过自己的消费行为和消费取向，从源头上减少资源的浪费和对环境的破坏，注重保护资源、美化生态环境，从而有利于促进人与自然和谐相处。第二，发展绿色消费的过程，也是引导生产经营者绿色生产的过程。生产与消费是经济发展的两个重要引擎。生产决定消费，消费反过来对生产具有一定的反作用，不同的消费观念和消费模式将引导不同的生产观念和生产方式。如若消费模式不合理和不科学，产业结构和产品结构的粗放化的现象也会随处可见。消费作为社会生活和经济运动中的一个重要环节，同时也是生产关系的一个重要方面，不仅可以满足人的多方面的欲求，而且能够促进社会生产的发展。马克思认为，“生产直接是消费，消费直接是生产”“消费创造出新的生产的需要”“因为产品只有在消费中才成为现实的产品”。消费是社会再生产中一个不可或缺的重要环节，是影响和拉动经济发展的一个强大动力。制度学派创始人托斯丹·凡勃伦曾指出奢侈消费实际上是有害生产的，是对“作业本能”的伤害。西尼尔也曾总结了奢侈消费的负面影响。他说：“即使在私有制约束下，人们并不按照最大的能量报酬规律来生产。奢侈消费模式导致了违背自然的能量生产最大化的方式，这实际上是对生产的制约”。在发展绿色消费的过程中，绿色消费可以产生“倒逼机制”，在绿色消费模式的影响下，消费者对绿色产品的需求、对企业环保行为的支持和对企业环境破坏行为的抵制，能够促使生产者主动关注环境问题，倒逼生产者放弃高能耗、高污染、粗放型的生产经营模式，引领绿色产品研发，促进生产者采用先进、环保、节能的技术，以绿色生产满足居民绿色消费需求，形成生产消费的良性循环，并带动企业营销朝着绿色方向发展。建立绿色消费模式不仅能有效解决资源性产品供给紧约束条件下的消费问题，而且对引导绿色生产具有十分重要的作用。进一步地，生产能力提高又会增加绿色产品的种类和数量，增加绿色消费需求的基础保障，将在更广的社会范围内激发更多的绿色消费需求，引导绿色投资与绿色产业发展，从根本上促进我国产业结构高效化、高度化和合理化，并引发经济发展方式的转变。实际上，随着环境问题日益成为社会关注的焦点，越来越多的企业已经将绿色发展纳入其发展战略，绿色生产就是这一趋势的显著表征。因此，建立绿色的消费模式，有利于以最小的代价最大化地生产和消费财富，实现资源和能源的绿色利用。绿色消费有利于转变经济增长方式，是绿色发展的根本驱动力。

（5）建立绿色消费模式传承了中国传统生态思想的先进理念。

综观五千年中国传统文化的主流，有儒、释、道三家。在如何处理人与资源环境的关系问题上，三家学说都蕴含着非常深刻的智慧。儒家主张“仁民爱物”，即万物一体而相互仁爱。西汉时期的董仲舒明确提出了“天人之际，合而为一”的哲学命题，宋明理学的程朱学派、陆王学派都提出过“人与天地万物一体”的思想，认为人和自然都遵循统一的规律，天人协调是最高的理想境界。道家崇尚“自然”，希望通过“道法自然”实现人道契合。老子言“道大、天大、地大、人亦大”，道在第一，天地由道而生，万物与人既是平等又是相互联系的，主张顺道而为，复归于朴。老子还曾说过：“去甚，去奢，去泰”。佛教提出“佛性”为万物本原，众生平等。万物之差别仅是佛性的不同表现，“山川草木，悉皆成佛”，倡导众生平等，广积善缘。除此之外，古人还提出过要保护生态环境、永续利用自然资源的生态文明思想。如汉代刘安在《淮南子》中指出：“孕育不得杀，壳卵不得采，鱼不长尺不得取，彘不其年不得食。”我国古代贤哲的生态观对我们提倡绿色消费模式具有重要的启发意义。

绿色消费模式倡导将社会发展和人的需要与生态环境融合在一起，有意识地控制自己的消费行为，而合理地利用自然、改造自然。它与中国传统生态思想的先进理念一脉相承。

（6）建立绿色消费模式有利于走出“人类中心主义”的狭隘视野。

西方在人类如何消费的问题上，“人类中心主义”长期占据主导地位，即将人视为自然万物的中心和主宰，而将自然视为不断满足人类无限消费欲望的对象。这驱使人类对大自然的掠夺。于是，一些人把大自然当成是用之不竭的宝库，认为消费的满足等同于大量资源的获得，幸福就是物质财富无节制的拥有。特别是第二次世界大战以后，鼓励消费成为西方发达国家宏观政策的主调，将消费作为体现生活质量和展示社会地位的重要尺度，鼓励消费，关注现在，消费主义平民化，这种文化很快依赖经济和信息的全球化在世界各国传播开来，其后果是，人类对大自然的“征服”的心理导致整个生态系统“理所当然”地被纳入人类的消费子系统，超前、透支、高消费、低储蓄的消费观在实践中就形成了西方发达国家和地区存在的过度型消费模式，它使人的需求被片面地推向物质的享受之中，肉体的感受性受到极度的推崇，人与人的关系开始物化。

在当今全球化不断深入发展的背景下，各个国家或地区社会、经济联系更加密切，消费文化相互融合，西方富国消费模式的示范效应日益增强。随着文化多元化的不断推进，西方现代消费文化开始被我国部分社会成员所认同，造成人们对当前资源和环境约束矛盾的认识不足，居民消费者资源环保意识不强，消费素质较低，对以消耗资源来提高生活水平的消费模式缺乏批判认识，对我国消费价值观的发展产生了一定的影响：一方面，本该全面发展的人被塑造为消费人，另一方面，生态危机日益严峻。于是，人类开始反思自己的行为，意识到“只有人，人的全面而自由的发展才是社会进步的尺度和一切科学的尺度”。

绿色消费模式把人类的消费纳入资源环境系统之中，接受资源环境对人类消费的约束，它要求人们按照生态伦理学的道德标准和规范，根据生存、享受和发展的需要，以人的全面发展为目标来消费。这种消费模式走出了“人类中心主义”的狭隘视野，能够纠正西方工业文明所带来的消费主义和虚无主义的重重迷雾，在使自然获得解放的同时，人类的自由也会获得更为全面的发展。

（7）建立绿色消费模式符合中国共产党的积极主张。

中国特色社会主义理论体系也非常关注人与资源环境的关系。绿色消费模式符合中国共产党的积极主张。1977年毛泽东曾提出：“要提倡勤俭持家，勤俭办社，勤俭建国。我们的国家一要勤，二要俭，不要懒，不要豪华”。“必须注意尽一切努力最大限度地保存一切可用的生产资料和生活资料，采取办法坚决地反对任何人对于生产资料和生活资料的破坏和浪费”。江泽民也曾指出：“消费结构要合理，消费方式要有利于环境与资源保护，决不能搞脱离生产力发展水平、浪费资源的高消费”。温家宝在第十届全国人民代表大会第五次会议上做的政府工作报告中提出，“要在全社会大力倡导节约、环保、文明的生产方式和消费模式，让节约资源、保护环境成为每个企业、村庄、单位和每个社会成员的自觉行动，努力建设资源节约型和环境友好型社会”。2007年，党的十七大提出了实现全面建设小康社会奋斗目标的新要求，首次把生态文明概念写入了报告，指出“建设生态文明，基本形成节约能源资源和保护生态环境的产业结构、增长方式、消费模式。循环经济形成较大规模，可再生能源比重显著上升。主要污染物排放得到有效控制，生态环境质量明显改善。生态文明观念在全社会牢固树立”。对于生态文明建设而言，消费模式合理化的重要性是不言而喻的。2012年，党的十八大报告首次单篇论述生态文明，提出要“把生态文明建设放在突出地位，融入经济建设、政治建设、文化建设、社会建设各方面和全过程，努力建设美丽中国，实现中华民族永续发展”。胡锦涛同志在十八大报告中提出："着力推进绿色发展、循环发展、低碳发展，形成节约资源和保护环境的空间格局、产业结构、生产方式、生活方式，从源头上扭转生态环境恶化趋势，为人民创造良好生产生活环境，为全球生态安全作出贡献。""要增强全民节约意识、环保意识、生态意识，形成合理消费的社会风尚，营造爱护生态环境的良好风气。"虽然这些文件或决定没有明确提出构建我国的绿色消费模式，但为人们实施绿色消费提供了方向指引，即我国的消费模式必须促进资源节约、环境保护和生态安全，而这正是绿色消费模式的要义所在。

1.6 我国建立绿色消费模式与扩大消费的关系分析

扩大消费需求与形成绿色消费模式虽然二者看似有悖，在经济学上却有着内在的统一性，甚至相得益彰。

首先，建立绿色消费模式是在扩大消费的基础上逐步建立的。绿色消费首先还是要消费，也就是说绿色消费模式是在扩大消费的基础上逐步建立的。2009 年，由于国际金融危机还在扩散蔓延，世界经济深度衰退，我国经济受到严重冲击，以扩大内需为主要对策来消除金融危机的消极影响已经成为不争的事实，扩大消费成了必不可少的手段。2010 年，党的十七届五中全会通过的中共中央关于制定国民经济和社会发展第十二个五年规划的建议提出："实现科学发展、加快转变经济发展方式的首要任务是坚持扩大内需战略，保持积极平稳较快发展"；"建立扩大消费需求的长效机制。把扩大消费需求作为扩大内需的战略重点，进一步释放城乡居民消费潜力"，与此同时，该建议提出："要合理引导消费行为，发展节能环保型消费品，倡导与我国国情相适应的文明、节约、绿色、低碳消费模式"。胡锦涛同志在十八大报告中指出："加快建立扩大消费需求长效机制，释放居民消费潜力。"扩大消费解决的是经济增长的长期动力问题，通过扩大消费需求，扩大城乡居民的消费资料总量，让消费成为拉动经济增长的主要动力，有利于提高最终消费率，特别是提高居民消费率，不断满足人民群众日益增长的物质与精神需求，让发展成果更多更公平惠及全体人民。绿色消费模式不是从扩大消费到抑制消费的简单回归，而是实现消费与社会、经济、资源和环境相协调，既能满足当代人消费发展的需要又不对后代人满足其消费发展需要的能力构成威胁的消费模式。这种消费模式不能片面地为不损害后代人的消费需求来抑制当代人的消费，也不能为了减少对自然资源的耗损而限制经济增长，更不是为了刺激经济增长的畸形消费。绿色消费模式建立在我国国情基础上，旨在把消费纳入社会经济绿色发展轨道，采取符合自然生态演化规律和社会绿色发展要求的消费行为和方式。因而绿色消费是在保持资源可持续利用的同时，促进消费需求对经济增长的长期拉动作用，有利于促进经济增长由依靠资源投入增加向资源高效利用转变，两者的目标具有一致性。

其次，建立绿色消费模式是我国扩大消费需求进程的有效途径和重要因素，促进了消费需求的增长。这是因为：扩大消费与绿色消费模式的建立，从本质上说二者的对象都是消费。绿色消费模式本身就是节约、环保、高效、可持续的消费模式。当资源得到节约，消费成本随之降低时，有助于消费需求和偏好的满足，消费者会更乐于去消费。进一步地，消费者必定将富余的资源用于开拓其他新的、陌生的消费领域，从而不断延伸出新型的消费种类。伴随着“绿色食品”“绿色家居”“绿色家电”“绿色建材”“绿色服装”等绿色产品的消费兴起，一旦形成消费热点，就会使我国绿色消费需求进一步扩大，在不增加资源消耗的情况下，提高了消费水平和生活质量，使绿色消费发挥应有的消费效益。所以，发展绿色消费在我国有广阔的空间和巨大的潜力。

面对我国“扩消费、保增长”与“经济增长的资源环境约束强化”之间的两难困境，我们应该摆正绿色消费和扩大消费的关系，充分认识绿色消费模式是建立绿色国民经济体系的重要组成部分，绿色消费模式是消费需求拉动国民经济发展进程达到一定阶段的必需，积极利用二者的统一性使扩大消费对经济的拉动的作用更显著。

综上所述，在建设生态文明的背景下，绿色消费模式的具体内容可归纳为消费水平适度、消费结构合理、消费方式健康、绿色和低碳、消费规模增长、消费环境和谐。绿色消费模式具有节约性、高效性、环保性、适度性、可持续性、协调性等六个性质。绿色消费模式受到很多因素的影响和制约，涉及资源环境状态、经济因素、社会因素等方面，只有科学地认识绿色消费模式的影响因素，才能科学地解读并规划绿色消费模式。我国建立绿色消费模式具有重大意义。我国建立绿色消费模式与扩大消费有着内在的统一性。当前，我国已经进入“经济增长度换挡期”“结构调整阵痛期”和“前期刺激政策消化期”，“三期叠加”已经成为当前及今后较长时期我国经济发展的重要阶段性特征。资源、环境和生态危机所铸造的达摩克斯利剑已经悬挂在人们的头顶，我们必须警醒和反思工业文明所构建的生产方式、生活方式甚至是思维方式的非合理性，重新审视人类整体性贪欲及其背后所隐藏的物质化、工具化生存理念的狭隘性、片面性与破坏性，弘扬绿色消费理念。中共中央、国务院《关于加快推进生态文明建设的意见》指出，要培育绿色生活方式，倡导勤俭节约的消费观，“广泛开展绿色生活行动，推动全民在衣、食、住、行、游等方面加快向勤俭节约、绿色低碳、文明健康的方式转变”，这为人们如何实现绿色消费提供了明确具体的方法指导。但由于一个国家管理机制和管理战略的形成是一个长期、复杂的过程，生态文明建设是一场攻坚战、持久战，因此，实现消费的绿色转型也必须久久为功。

参考文献

[1] 朱青梅，李军. 论现代生态环境下的消费模式选择. 理论学刊，2005（1）：69-71.

[2] 白雅琴. 影响传统消费模式向绿色消费模式发展的因素. 内蒙古科技与经济，2006（1）：124-125.

[3] 廖茂林. 绿色消费的国际经验及对长三角地区绿色发展的启示. 改革与战略，2014，30（7）：135-140.

[4] Carlson L，Grove S J，Kangun N. A Content Analysis of Environmental Advertising Claims：A Matrix Method Approach. Journal of Advertising，1993，22（3）：27-39.

[5] UN Environ Program（UNEP）. Consumption Opportunities：Strategies for Change. Paris：UNEP，2001.

[6] 汪铭芳. 绿色消费的哲学思考. 福州：福建师范大学，2006.

[7] 刘长忠. 中国消费者协会确定“绿色消费”为明年主题：http：//www.100md.com/Html/Info/News/30/03018.htm，2000-12-30.

[8] 何昀. 建设节约型社会与消费方式变革研究述评. 消费经济，2007（3）：89-92.

[9] 荣晓华. 消费者心理学. 4版. 大连：东北财经大学出版社，2015：105.

[10] 云波. 2015 中国互联网本地生活服务收入达 3 825 亿元. http：//www.cnsoftnews.com/news/201603/43414.html，2016-03-12.

[11] 黄劼，刘维善. 为营造和谐消费环境建言献策. 中国消费者报，2007-04-13（A02）.

[12] 赵学清. 塑造健康文明的消费模式. 南京政治学院学报，2005（6）：8-9.

[13] 林语堂. 生活的艺术. 越裔汉译. 南京：江苏文艺出版社，2010：347.

[14] 马克思，恩格斯. 马克思恩格斯全集（第20卷）. 北京：人民出版社，1972：520.

[15] 路琪，石艳. 生态文明视角下旅游投资效益评估体系的构建. 宏观经济研

究，2013（7）：39-48，111.

[16] 荣晓华. 消费者行为学. 大连：东北财经大学出版社，2015.

[17] 高鸿业. 西方经济学(宏观部分). 4 版. 北京：中国人民大学出版社，2006.

[18] Peloza J，White K，Shang J. Good et al. The Role of Self-Accountability in Influencing Preferences for Products with Ethical Attributes. Journal of Marketing，2013，77（1）：104-119.

[19] Sellahewa J N，W Martindale. The impact of food processing on the sustainability of the food supply chain. Aspects of applied biology，2010（102）.

[20] 展刘洋，鞠美庭，关杨，等. 中国可持续消费现状与展望——基于天津市可持续消费与供应调查. 生态经济，2013（1）：41-43，46.

[21] 张晓宏. 再论中国传统消费模式的弊端. 经济科学，2001（2）：15-22.

[22] 人民日报评论员. 推动生产生活的绿色转型——二论深入推进生态文明建设. 人民日报，2015-05-07（1）.

[23] 黄娟，贺青春，高凌云. 绿色消费：我国实现绿色发展的引擎——十六大以来中国共产党关于绿色消费的重要论述. 毛泽东思想研究，2011（4）：93-96.

[24] 吴红岩. 我国绿色消费问题研究. 长春：东北师范大学，2008.

[25] 俞海山. 简议绿色消费模式. 光明日报，1999-07-16.

[26] 王启云. 加快绿色发展需要大力发展绿色消费，消费经济，2014，30（5）：86-89.

[27] 王令金，李元峰，等. 马克思主义经典著作精选及导读. 北京：中央编译出版社，2006：27.

[28] 吴燕. 倡导绿色消费模式建设节约型社会. 湖南经济管理干部学院学报，2005，16（6）：27-28.

[29] 迈克尔・曾伯格. 经济学大师的人生哲学. 侯玲，欧阳俊，等译. 北京：商务印书馆，2002：97.

[30] 西尼尔. 政治经济学大纲. 蔡受百译. 北京：商务印书馆，1997：64.

[31] 尹向东，刘敏. 以扩大绿色消费需求推进湖南“两型社会”纵深发展. 湖

南社会科学，2011（3）：114-117.

[32] 卜晓军，任保平. 中国古代的朴素生态文明思想及其实践. 光明日报，2009-06-16（12）.

[33] 潘岳. 中华传统与生态文明. 光明日报，2009-01-14（07）.

[34] 刘妙桃，苏小明. 低碳消费：构建生态文明的必然选择. 消费经济，2011，27（1）：76-79.

[35] 弗罗洛夫. 人的前景. 王思斌，潘信之译. 北京：中国社会科学出版社，1987.

[36] 毛泽东. 毛泽东选集（第5卷）. 北京：人民出版社，1977.

[37] 毛泽东. 毛泽东选集（第5卷）. 北京：人民出版社，1991.

[38] 江泽民. 江泽民论有中国特色社会主义. 北京：中央文献出版社，2002.

[39] 胡锦涛. 高举中国特色社会主义伟大旗帜 为夺取全面建设小康社会新胜利而奋斗——在中国共产党第十七次全国代表大会上的报告. 求是，2007（21）：3-22.

[40] 胡锦涛. 坚定不移沿着中国特色社会主义道路前进 为全面建成小康社会而奋斗——在中国共产党第十八次全国代表大会上的报告. 求是，2012（22）：3-25.

[41] 赵方园. 居民绿色消费与生态文明建设刍议. 信阳农林学院学报，2015（1）：16-19.

第2章
我国现行消费模式分析

2.1　我国现行消费模式总体情况

消费模式作为一定时期消费的主要特征总和，其本身就是一种社会建构，体现了消费水平、消费结构、消费方式、消费环境等的主要特征。就我国而言，改革开放以来，我国在消费领域取得了长足进步，政府通过一系列政策扶持、财政补贴等措施，对绿色消费的构建发挥了积极的主导作用，居民的消费模式也发生了深刻的变化。例如，1999 年，国家环保总局等部门联合启动以“开辟绿色通道、培育绿色市场、提倡绿色消费”为内容的“三绿工程”，有力地促进了绿色消费观念的普及，加快了绿色消费模式的建立。当前，我国已进入工业化的加速期，伴随着城镇化、现代化的快速推进和社会经济发展的不断加快，一方面人们的消费水平不断提高，消费结构不断优化，消费规模不断扩大。特别在“新常态”的 9 个趋势性变化中，“消费需求”被摆在了第一位，位于“投资需求”和“生产能力”等之前。新常态下，我国消费从过去的“模仿型排浪式”步入“个性化、多样化”的新阶段；另一方面，人们的消费欲望也日益膨胀，消费模式仍存在一些问题，主要表现为消费不足与浪费现象并存，食品、药品等消费安全问题突出，生态环境破坏和污染问题严重，浪费消费、不合理的过度消费等现象突出，扭曲的消费模式仍在造成大量的资源浪费和环境污染，破坏着物质消费与精神消费的和谐，这些问题对自然资源和生态环境带来了巨大的压力，甚至引发了一些社会问题。这些负面影响已经成为生态文明建设的障碍之一。

2.1.1　消费水平不高

消费水平是反映社会成员通过支出个人收入，使用和消耗社会产品、劳务，不断更新提高自己素质行为的综合指标，是社会成员实际消费生活资料和劳务的质量与数量的规定或表征。比如，吃由满足吃饱到好而精的转变，穿由遮羞保暖到品牌、个性化的追求。改革开放以来，我国经济持续增长，综合国力大幅提升，抑制消费政策发生了根本变化，人民生活由新中国成立前的一穷二白发展到现在的丰富多彩，消费水平得到了提高，重视健康、绿色环保等理念将逐步融入居民消费行为之中，变频空调、空气净化器、新能源汽车等产品销量持续增长，绿色消费日益成为居民消费新的增长点。特别是“十八大”以来，严厉反腐、倡导节俭已常态化，“三公”消费以及腐败性、奢侈性、炫富性消费受到了抑制。高档商品、高端餐饮消费增速大幅下滑的同时，大众化、中低端商品和大众化餐饮消费继续保持快速增长。但是，我国消费水平总体还不够高，近 1～2 年，我国消费增速快速下降，个位数增长已经成为“新常态”。消费水平有一些衡量标准。其中，按全国人口平均计算的居民消费额，称为“全国居民消费水平”。我国的消费总量在世界排名相对偏低，再加上当前人口总数依然很大，导致全国居民消费水平的世界排名更为靠后。2011 年，我国居民消费水平 949 美元，仅占日本人均消费的 4.2%，不到美国人均消费的 4%，在“金砖四国”中仅高于印度。消费率也是衡量一国消费水平的指标。统计显示，我国的居民消费率明显偏低，2004 年以前，居民消费率高于 40%，2005 年则降至 38%，之后一直在低位徘徊，其中，2011 年的居民消费率为 34%，比美国这个超级消费大国低 37%，至今我国的居民消费率仍未突破

40%，再加上近年来我国老龄化程度快速提高，由于一般老年人消费趋向保守，企业职工、单身独居、教育水平较低和储蓄不足的老年家庭，退休后更易于降低非耐用消费支出。这就意味着消费能力下降的人群不断增多，低消费率与高投资率并存将是我国经济增长的现实背景。消费贡献率是衡量一国消费水平的另一个重要指标。1978—2007 年，我国消费需求对 GDP 增长的贡献率年均只有 55.59%，特别是 1999—2013 年，消费对经济增长的贡献率分别是 74.7%、65.1%、50.0%、43.6%、35.3%、38.7%、38.2%、38.7%、39.4%、44.2%、49.8%、43.1%、56.5%、55.1%、50.0%。基本上呈逐年下降的态势。

为促进国民经济健康运行，我国必须确立以消费为主拉动经济增长或发展的基本国策，扩大消费需求，特别是居民消费，提高消费水平，并从根本上改掉破坏资源、大量消耗资源的传统消费模式，建立绿色消费模式。

2.1.2 消费结构不够合理

消费结构，从广义来看，是一定社会经济条件下人们不同消费的构成状态；从狭义来看，是人们消费不同的消费资料的比例关系及其构成状态。改革开放以来，我国社会经济发展步入快速增长时期，我国的消费结构也处在重要的调整和上升阶段。

从区域上来看，中西部地区消费慢于东部；从消费主体上来看，农村消费慢于城市，与其他一些发展中国家相比，我国居民消费结构存在着城乡差别较大的问题。当前我国城镇居民家庭已进入了享受消费阶段，农村居民家庭除少数还没有脱贫的外，也开始部分进入享受消费阶段。2014 年中国城乡居民恩格尔系数分别降低到 35% 和 37.7%，总体上已经进入小康居民消费阶段。但城市消费结构层次领先于农村消费结构，恩格尔系数差了约 3 个百分点。当前，我国农村市场发展的主要矛盾是市场需求不足，需求不足的主要原因是农村消费尚未启动，而农村消费尚未启动的一个非常重要的问题是农民消费模式问题。农村消费结构中非物质消费或文化消费比重很低。实际消费支出排在最前面的仍然是衣、食、住，这说明衣、食、住支出仍是农村最重要、最基本的消费，而家用电器消费、文化娱乐消费、科技教育消费、旅游休闲消费、生活保健消费、住房消费等新消费热点仍显不足。另外，从消费资源配置来看，城乡资源配置的方式并不相同，表现在农村很多消费资源是通过非市场机制配置的，带有自产和自销的性质，特别是食品和住房，农村住房面积虽然大，但住房质量差。从消费对象看，重物质性消费轻精神性消费，有利于社会成员身心健康和全面发展精神文化的消费比重过小。从消费层次看，如果把生存资料、发展和享受资料在消费结构中比重的变化作为消费结构变化的重要标准，我国的消费模式，正处在由追求生存消费为主向追求发展和享受消费为主的层次性变化之中。更准确地说，我国大部分居民消费已进入发展型消费和享受型消费阶段，生存型消费已经得到了基本的满足，且消费的内容也在不断完善；发展型、享受型消费成为必然趋势，对资源、能源的消耗数量和强度将持续提升，对这一现状我们要时刻保持警醒。

2.1.3　消费方式较落后

消费方式即人们在消费时所采取的方法和形式，是确保生活质量的必要条件。现实生活中，消费方式的选择和使用一定要从本国、本地区、消费者个人的消费环境出发，要考虑居民可以承受的消费度。改革开放后，我国消费方式也发生了变化。从众的消费心理日渐弱化，消费者逐步增强了消费的自主权，这些变化渗透于消费模式之中，越来越体现出自主消费的特点。如网上交易和社区服务发展迅速，信用消费成为日益扩大的重要消费方式，便捷消费成为一些年轻群体的消费特征。随着市场经济的迅速发展，经济全球化的深化，消费方式的国内外差异、地区差异、城乡差异呈现逐步缩小的趋势。

2.1.4 消费环境存在缺陷

只有以人与自然的和谐共处为中心的城乡消费环境才是合意的消费环境。合意的消费环境的底线是生态系统能够保有自我恢复能力，即人类的生产与生活自觉限制在生态系统自我恢复能力的范围内。人类的生产和生活一旦超出这个范围，就会造成不合意的消费环境，而不合意的消费环境会给人类带来巨大的隐患和危害。在我国，存在行政管理条块分割体制、生态环境分而治之、行业垄断的现象，当假冒伪劣商品、商业欺诈等犯罪行为充斥市场时，消费者的利益将会受到严重的损害，消费者的生命与健康甚至也会被危及。当前，我国消费环境主要存在以下问题。

2.1.4.1 自然环境恶化较严重

自然环境是消费的基本环境，任何产品的供给都需要一定的自然环境才能持续供给。由此可知，自然环境的变化会影响消费品的供给水平，也直接影响了消费的需求。因长期受粗放型经济模式影响，我国大量资源被浪费，水、空气、土地、森林、农田屡遭污染。近年来，全国 300 多个地级以上城市中 80%没有达到国家控制质量二级标准，其中 70 多个为重污染城市。据环保部门统计，北京过去 5 年经历了 437 次污染过程，平均每周 1.7 次，每次平均持续时间为 70 个小时。这期间人们甚至不敢出门，严重阻碍了人们的外出消费活动，很多居民向往农村空气清新的环境，增大了对环境质量提升的消费，如北京很多居民购买了空气清洁器。因此，自然环境会直接影响消费者的购买行为，会改变消费者的消费偏好。

2.1.4.2 消费环境的诚信缺失

消费环境决定消费实现程度。消费者对消费产品的选择在一定程度上受制于消费环境的诚信度。由于我国整个社会的诚信体系建设明显滞后，导致与之相适应的消费环境诚信缺失。在现实中，部分经营者唯利是图，诚信意识缺失，制售假冒伪劣产品，以损人利己作为追求非法利益的手段，破坏了市场秩序和社会公正，损害了广大消费者的生命健康安全。每年“3·15”国际消费者权益日中总能曝出一系列严重的产品质量问题以及消费者的维权问题。2015 年曝光了多个 4S 店小病大修牟取暴利的现象，曝光了移动铁通各类诈骗电话的根源问题，曝光了众多不合格的保健品问题等。另据 2011 年 10 月的《北京晨报》的报道，“假古董到处都有，但市场上摆着鉴定证书的‘现代画家名作’其实同样不靠谱。在潘家园卖几百元的假画，转身变成了琉璃厂画廊中千元甚至十几万元的‘名家作品’，配上假鉴定证书后，就被卖到了书画爱好者的手里。”从咸鸭蛋苏丹红事件、面粉增白剂事件、瘦肉精事件、冰激凌石膏事件、地沟油事件、毒胶囊事件、三聚氰胺奶粉事件，到假画的购入、鉴定、再卖出……造假已是系列的有组织活动，消费者面临的不是被单一品种的消费品的制假所困扰，而是整个消费环境的胁迫。从基本生活资料消费到文化产品消费，从物质到精神，诚信已经从做人的基本被踩到了人的脚底，消费者的人身健康和财产安全受到了威胁。

保护消费者权益是政府应该尽到的责任。消费者对消费品品质的猜忌，反映出对消费环境的极度不信任。这种不信任的直接后果，不仅是对消费商品的不信任，而且会产生对政府的公信力的质疑，折射出某些职能部门监管不力与缺位的现象，甚至有些市场检测人员出于地方利益的考虑，存在有法不依、执法不严、违法不究的现象，市场上产品鱼目混珠的现象损害了消费者的权益，使得消费者在选择产品时更加盲目。因此，对于造假等欺诈消费者的行为，相关部门如果不能采取有力的监督措施，尽到监管责任，不仅会造成消费环境的破坏，损害消费者的利益，最终还会影响政府的公信力。加强监管部门日常监管的力度，建立监管机制，切实履行监管职能已是势在必行。

同时，达到诚信，买卖双方都要形成一种智慧的观念。经营者是消费维权的第一责任人。经营者讲诚信是消费者放心消费、安全消费的前提。但在现实生活中，一些企业对产品的营销宣传要么不到位，要么过度，还有一些企业擅自使用假冒绿色产品标志牟取暴利，甚至一些生产厂家和经销商印制各种自创的绿色产品标志进行虚假宣传，使消费者难以了解产品的真实情况，还有一些印有“绿色产品”标志的产品并不具有绿色效用，直接损害了消费者的权益。因此，经营者有义务、有责任、实事求是地提供商品真实信息，如若提供虚假信息，则需要政府依法予以惩处。成熟的消费市场也要依赖消费者的诚信。恶意透支、购买盗版……消费者的非诚信消费行为往往容易被忽视。消费者自身也应加强维权意识，勇于向各种假冒伪劣商品说“不”，懂得必要的法律法规、明白消费维权的范畴、采用得当的方法，才能更理直气壮地与经营者共同促进良好的消费环境。总之，应在全体公民中养成一种信用文化，德主刑辅，使自觉诚信、讲求信用成为参与者自觉的行为方式，培育道义和信仰，健全市场、优化市场、激活市场，提升消费空间。

2.1.4.3 绿色消费的社会舆论引导机制不完善

绿色消费观建立的前提是对绿色消费的认知。如果消费者对绿色消费不甚了解，对绿色产品不会辨别，自然不会产生理性、积极的绿色消费行为。社会舆论因其所借助的传播媒介的公开性、及时性、客观性、广泛性和公正性等特点和优势，可以有效地引导消费者的消费目的和行为。因此，推行绿色消费要充分发挥社会舆论引导力强的特点，建立对绿色消费的舆论引导机制。伴随着信息技术的发展，特别是互联网的出现，舆论借助大众传媒手段对绿色消费的引领作用日益显现。但是，但我国当前涉及绿色消费的信息服务平台并不多见。表现为：第一，缺乏统一的绿色消费的信息管理制度。完善的信息披露和公众监督机制作为公共管理部门调节市场交易的重要途径，在引导和约束绿色产品的生产、流通和消费行为中有着日益显著的作用。我国当前缺乏统一的绿色消费的信息管理制度，这对于绿色产品的生产企业、流通企业和消费者而言，都会因为信息的不对称而不利于绿色产品的生产、流通和消费。另外缺乏对失信行为信息的披露，对造假者曝光不足，会让广大消费者对制造假冒伪劣者知之甚少。第二，在广大的农村地区，基础设施建设的落后导致信息传播滞后，接受外界信息的渠道较少，阻碍了农村居民消费结构升级，抑制了绿色消费需求的增长。为了克服消费者因信息不对称而对消费品的“真实信息不了解”所产生的恐惧心理，政府应树立大数据意识，推进政府和社会信息资源开放共享，通过政府、媒体、消费者协会等多方建立起立体的宣传教育网络，调动如中介组织、新闻媒体发挥监督及信息披露的作用，加强对失信行为信息的披露传递力度，加强农村基础设施建设，减少社会交易成本。如此，一方面有利于消费者根据公开的信息掌握绿色产品总体供应情况，有效克服绿色消费的盲目性。另一方面，通过社会舆论引导绿色消费深入人心，有利于推动绿色消费真正成为消费者日常生活的自觉行为。

2.1.4.4　农村市场的消费环境亟须净化

农村消费领域安全是建设社会主义新农村的重要组成部分。我国有些地方的农村消费市场良莠混杂，农村本地市场规模有限，产品样式和质量有限，个别利欲熏心的不法商贩趁机兜售一些在城里已无法销售的过期、变质和假冒伪劣的商品，大赚不义之财。由于农民的商品知识有限，辨认假冒伪劣商品能力相对较低，维权意识淡薄，购买商品时很少会注意商品的生产日期、保质期、厂名、厂址等标识，即使发现自己买了假货，往往都是自认倒霉，不会依法要求赔偿损失。此外，一些农民在选购商品时喜欢比价格，对于商品质量却不怎么关注，只要价格低就行，这也给不法商贩提供了可乘之机。

我国农村的消费市场发展快，地域广，同时也有分布零散的特点，这使得农村打假比城市更加困难和复杂。农民在这样一个市场环境下消费，不仅合法利益得不到应有的保障，而且当权益遭到侵害时，也往往是投诉无门，难以讨回公道。这不仅严重地损害了农民的利益，挫伤了农民购买商品的积极性，也会影响农村社会的稳定和农村经济的发展。

然而，农村市场并非假冒伪劣商品的避风港，农村市场的消费环境必须从交通、市场建设和物流技术等多个方面进行完善。各有关部门应该切实重视和加大农村市场的打假力度，依法行政，执法必严，既要坚决打击农村当地的造假行为，也要坚决堵住假冒伪劣商品流入农村消费市场，为农村市场营造一个诚实守信、公平交易的良好秩序。

2.1.4.5 网络消费环境有待更加安全

网络消费在给人们带来方便的同时也带来诸多隐患。目前，网店经营者进入平台低，相关部门缺乏有力的监管机制。所以，在网络消费中，消费者购买到不合法、不合规、假冒伪劣产品的情况比比皆是。由于网络消费模式的特殊性，消费者一方的天然缺陷在网络消费中被放大，较之传统交易模式，消费者相对于经营者的弱势地位更为严重。

第一，网络消费者难以明确感知商品的实际品质和特性。在网络消费模式中，消费者只能接触到经营者提供的商品图片和相关描述，对于商品特性的感受和信息的获取是不完全的，以至于其做出的购买决定也并不客观、理性。

第二，网络消费将比传统消费方式面临更多的风险。这包括：

①商品预期风险。由于消费者难以明确知晓网购商品的实际特性，并且更容易受到经营者宣传的诱导甚至欺诈，其对于商品使用

价值的预期往往过高，以至于收货后发现实际商品与经营者所宣传的差别很大。

②交易支付风险。在现在的网络消费中，消费者与经营者通常通过支付宝或网银之类的支付平台进行付款，与“一手交钱、一手交货”的传统模式不同，这种付款方式难免承担着个人信息及财产信息被泄露的风险，大量的私人信息和数据在电子商务交易过程中被信息服务系统收集、储存、传输，部分经营者为了追求非法利润而买卖消费者个人信息，导致私人信息被任意采集和随意使用，侵犯了消费者的隐私权。同时，电子商务中网络的开放性增加了消费者财产遭受侵害的风险，网上支付信息、账号密码被窃取和非法破解的情形时有发生，干扰了消费者的正常生活。

在宽带网络方面，电信企业也存在很多问题：捆绑销售业务、网速达不到标准、客服电话打不通……消费者的消费安全受到冲击。针对这些问题，企业都应向消费者做出解释和赔偿，并且从管理、技术上面着手改进。

2.1.4.6　绿色产品生产与流通存在缺陷

在消费者收入增长的条件下，人们对绿色产品和服务的需求也日益增长，绿色产品供给逐渐上升到居民消费的重要层次之上。然而，绿色产品通常开发难度大、成本高、风险大，获利不稳定，企业不愿设计、生产绿色产品。绿色产品生产企业的影响，主要涉及生产模式的绿色程度、绿色产品的绿色程度、绿色产品的成本以及绿色产品的性能四个方面。我国绿色生产领域的缺陷表现为：第一，各种产品的设计不利于维修。在物质匮乏的年代，商品使用出现磨损和故障以后，维修是常见的应对手段。而如今，各种产品的设计不再利于维修，甚至刻意设计得难以维修，从而鼓励重新购买。虽然，产品更新换代速度日益增快，但是产品被设计得更加封闭，一个硬件的问题，需要花费超出用户可接受范围的成本来解决，很多用户干脆直接将整个产品全部换掉，即便这个产品中 95%以上的零件依然有效。对于生产者而言，这也缩短了产品生命周期，加快了资本流动和剩余价值的产生，但对资源的需求和对生态环境的冲击却显著增大。第二，在当前资源短缺的局面下，我国城乡公共交通基础设施、公共文体娱乐设施、城市绿化等公共产品存在供给不足等问题。由于绿色产品和服务近期获利不够明显，产品利润没有保证，研发专业人才缺乏，产品的科研和生产结合脱节，科研成果产业化程度不高，再加上绿色产品的投资缺口大，同时还要承担很大的投资风险，企业投资生产绿色产品的动力有所缺失，绿色产品制造生产尚未形成规模，无法满足广大绿色消费者的需求，这就客观上要求政府不断扩大与绿色消费密切相关的共享发展支出，不断完善绿色采购制度。

我国绿色产品流通领域的缺陷表现为：绿色产品的流通环节缺乏完善的监管与激励制度。绿色产品的市场准入机制不够完善，绿色流通体系不健全，物流效率低。我国大部分绿色产品往往依靠政府强制推销，或者通过直销或展销会进行销售，销售渠道的不畅通也给消费者购买绿色产品形成一定的障碍。在流通中还存在一些不必要的收费，全国尚没有完整的从批发到零售的绿色产品流通体系，使得绿色产品在在我国各大城市中的商场、超市的上架率比较低。

2.2 我国现行消费模式对资源供给构成压力

就我国而言，我国是一个资源大国和人口大国，自然资源总量大，种类齐全，自然资源种类和数量均居世界前列。但不容忽视的是我国人均资源占有量少，水资源、土地资源、矿产资源的人均占有量都排在世界的后列。如今，水、矿产、能源等与工业生产密切相关的自然资源消费已经进入“大众消费”阶段，其消费总量和强度达到较高的水平并持续上升至一个高位平稳的水平，使我国承受着更加巨大的资源压力，除了后备资源不足，还带来了水土流失、草场退化，水资源短缺，森林面积缩小、质量下降，生物多样性减少等诸多问题。

2.2.1　现有消费模式对我国水资源构成威胁

从水资源的供给方面看，我国的淡水资源地域分布不均匀，总量并不多，多年平均水资源年拥有量为 28 124 亿 m^3，占全球水资源的 6%。按人口统计，我国人均水资源量仅为 2 220 m^3，不及世界人均淡水资源的 1/4，是全球 13 个人均水资源最紧缺的国家之一，一些干旱缺水地区长期无水可用。

从水资源的消费方面看，毫无疑问，经济发展和人民生活水平提高，生活与生产用水总量的逐年增长是导致水资源紧缺的重要原因。以北京市为例，北京全年生活用水 16.98 亿 m^3，算成每个北京市民，一年平均要用掉 500 mL 的矿泉水约 16 万瓶，按一瓶 500 mL 的矿泉水瓶，瓶高 23 cm 来计算，16 万瓶约等于 36 800 m，相当于 4 个珠穆朗玛峰的高度。用水量的增加，从绝对需求量上对淡水资源构成压力，同时生活用水越多，产生的生活污水量也就越大，其排放对清洁的水资源构成的污染就会越严重。在我国 960 万 km^2 的国土上，大量未经处理的生活与工业污水的随意排放，使得几乎每一条河流、每一处湖泊、每一片滩涂湿地都在不同程度上存在着水体污染问题，美丽的水世界被抹上了灰暗的污迹。所谓水体污染是指大量污染物质排入水体，超过水体的自净能力，造成水质恶化，水体的正常功能遭到破坏，水体及其周围的生态平衡也遭到破坏，造成了资源环境质量、人群健康等方面的损失和威胁。水体污染减少了人们可以利用的清洁的淡水资源。更可悲的是，由于水污染面积逐年扩大，水体污染日益加剧，一些丰水地区陷入有水不能用的尴尬。尽管近年来政府与企业采取了大量的节水措施以降低农业与工业生产方面的用水量，但与此同时生活用水量却在逐年增长。就城市而言，我国 600 多座城市中，有 400 多座城市存在不同程度的水资源紧张的问题，其中严重缺水的有 110 多个，北京市的人均占有水量为全世界人均占有水量的 1/13。同时，我国北方城市超采地下水的情况已相当普遍，城市水资源承载力受到严重挑战。

从资源再生化的角度看，我国资源的重复利用率远低于发达国家，如水资源循环利用率比发达国家低 50%以上。我国农村普遍的水资源利用率只有 40%左右，大水灌溉不仅是对水资源的极大浪费，也是引起土地盐碱化，干旱与荒漠化日益严重的主要原因。有数据表明，我国目前现有荒漠化土地面积 267.4 万多 km^2，占国土总面积的 27.9%，每年仍增加 1 万多 km^2。草原总面积的 14.4%发生了沙化和退化。

就在人们肆无忌惮地将生活污水、工业废水倾倒入江河湖泊中，回灌入地下时，由此产生的水质污染严重和水生态环境恶化的后果也在不断地报复着人类。长期使用污水灌溉使病原体、致癌物质通过水、粮食、蔬菜等食物链迁移到人体内，造成污灌区人群寄生虫和肠道疾病、肿瘤发病率大幅度提高。

由于人们节水意识不强，公共场所及家庭用水时水浪费现象可谓司空见惯。由于年久失修导致的管道破裂漏水，市区管路的漏水率可达 8%。落后的洗车方法浪费水量惊人。许多洗车店用高压喷枪对着汽车，通过猛烈喷水洗去汽车表面的灰尘和污垢，洗车后的污水直接排放，对环境和水资源造成污染。旧式旋转式水龙头也容易犯“跑、冒、滴、漏”的毛病，“滴水”在 1 个小时就可以集到 36 kg，1 个月里可集到 2.6 t。大容积抽水马桶更是“用水”大王，洗衣机用水占到家庭用水的 1/3。

从未来发展趋势看，我国居民生活用水量增加的压力，一方面将来自居民住房与生活条件的改善。另一方面将来自城市化进程的加快。如果考虑到 2030 年我国总人口将增加到 15.5 亿～16 亿，城镇人口占全国总人口的比重将从 2001 年的 37.7%上升至 50%，即使城市居民保持现有的日均用水量不再增长，仅全国城市居民生活用水一项就需要两倍的现有供水量才能保障。另外，再加上工业化的不断推进和居民消费结构的逐步升级，使得水资源供需矛盾更是日益显现。

用水量增加和水污染已成为我国可持续发展过程中的突出问题，保护水环境，将是保证我们生存与发展的迫切需要。这不仅需要依赖国家经济发展的转型，更依靠我们消费模式有转变。拧开水管清水长流的便利，让我们挥霍浪费着宝贵的水资源而不自知，我国是人口大国，如果我国居民每人每年多用 1 t 水，则全国就要增加 13 亿 m^3 的总用水量。其实，改变一下不良用水习惯，适度消费与节约用水，杜绝浪费，农业可减少 10%～15%的用水，城市可减少 30%用水。运用今天的技术和方法，学习一些节水护水小窍门，丝毫不会影响经济发展和生活质量的水平。比如，人们在购买洁具时，请尽量选用有“国家节水标志”的产品，多使用节水型设施等。水龙头关紧后仍滴水，要更换橡皮垫。厨房中的护水节水也有妙招。淘米水具有微弱碱性和洗净力，可谓天然洗涤剂，用来洗菜和刷碗都不错。洗菜水里有一点泥沙，淘米水中溶解了一些淀粉、蛋白质等营养物质，还是浇花的最好水源。把洗碗水集中在桶里面，可送到卫生间冲洗厕所。在卫生间里节水潜力也很大。洗澡改盆浴为淋浴，并使用低流量莲蓬头，避免长时间冲淋。衣物尽量集中起来洗，根据衣物多少适当选择洗衣机水位。将洗衣机清洗衣服的水用盆接起来，可用于冲厕所、拖地等。如果每人每天节约一滴水，全国就节约 13 亿滴水；如果每人每天节约 1 L 水，全国就节约 13 万 t 水，再小的力量也是一种支持，当节约用水成为每个国民自觉的运动，我们会发现自己表面上做的是那么少，然而对于资源和他人的贡献却很大！让我们行动起来，杜绝浪费，呵护珍爱每一滴水，让新时代时尚的节约生活蔚然成风，积少成多地为水资源和环境保护作出大贡献。

从技术手段讲，水的再生使用也是缓解水资源短缺的有效途径。再生水是第二水源，再生水合理回用既能减少水环境污染，又可以缓解水资源紧缺的矛盾，是贯彻绿色发展的重要措施。我国应实行最严格的水资源管理制度，以水定产、以水定城，我国建设节水型社会任重道远。

2.2.2 矿产资源消费增加对矿产资源保障构成压力

我国已是世界第二大能源消费国和世界第二大能源生产国。当前，我国正处于工业化的加速发展阶段，对能源的需求也在逐年增长，能源的短缺与能源的严重浪费、低效使用并存。能源消费弹性系数是反映能源消费增长速度与国民经济增长速度之间比例关系的指标，其发展变化与国民经济结构、人民生活、能源利用效率、技术装备、生产工艺乃至管理水平等因素密切相关。对能源消费弹性系数进行分析和计算，主要为了研究国民经济发展与能源消费间的关系。改革开放初期，我国能源消费弹性系数一直处于波动之中。在这几年间，能源消费弹性系数有 3 年大于 1（2003—2005 年），有 2 年小于 0（1997—1999 年），其余各年均大于 0 小于 1（见表 2.1）。1990—2014 年，能源消费弹性系数平均为 0.66。以下部分将基于能源消费弹性的视角对我国 1990—2014 年我国能源消费变化的成因进行分析。

1990 年以后，我国的能源能源消费弹性系数连续多年居于 0 和 1 之间。其中，1997—1998 年我国能源消费弹性系数分别为–0.09 和–0.53，导致这两年能源消费弹性系数为负的主要原因是能源消费量下降。特别是 1997 年，在亚洲金融危机的冲击下，国内需求疲软，居民生活消费的能源和其他服务业消费的能源下降，另外，由于产业结构变化以及能源利用效率不断提高也使能源消费下降。

表 2.1　1990—2014 年我国能源消费弹性系数一览

年份	能源消费增长率/%	GDP 增长率/%	能源消费弹性系数
1990	1.8	3.8	0.47
1995	6.9	10.9	0.63
1996	5.9	10.0	0.59
1997	–0.8	9.3	–0.09
1998	–4.1	7.8	–0.53
1999	1.2	7.6	0.16
2000	3.5	8.4	0.42
2001	3.4	8.3	0.41
2002	6.0	9.1	0.66
2003	15.3	10.0	1.53
2004	16.1	10.1	1.59
2005	10.6	10.4	1.02
2006	9.6	11.6	0.83
2007	7.8	13.0	0.60
2008	3.8	9.0	0.31
2009	5.3	8.7	0.53
2010	6.0	10.6	0.69
2011	7.1	9.5	0.77
2012	3.9	7.7	0.51
2013	3.7	7.7	0.48
2014	2.2	7.4	0.30

资料来源：《中国统计年鉴 2014》。

2003 年，我国能源消费增长率为 15.3%，当年经济增长率为 10.0%，能源消费弹性系数为 1.53，这是我国自 20 世纪 90 年代以来，能源消费弹性系数首次超过 1。2004 年，能源消费弹性系数进一步上升至 1.59。究其原因，最为重要的是由于居民生活消费的能源快速增长。2003—2005 年，随着人们生活条件现代化程度的提高，家用电器销售快速增长，大量私家车、计算机、手机进入寻常百姓家，煤气、天然气在居民家庭中的广泛使用，带来了我国能源消费增长速度加快。2006年以后，我国的GDP增长率逐渐大于能源消费增长率，能源消费弹性系数均低于1。但是，我们应该看到，作为世界第二大能源消费国，近年来我国不得不从国外大量进口石油和原油来满足国内不断增长的需求。如果任由这种趋势继续发展，显然将对我国经济的绿色发展带来不利影响。

能源的绿色性是建设生态文明的重要问题。石油依然是全球领先的燃料，石油作为国民经济发展的重要战略资源，在目前及今后相当长的时期内仍然是中国的主要能源之一。中国石油、煤炭两种矿产资源的消费猛增，一定程度反映了我国的能源消费情况。下面以1990—2015年我国石油、煤炭两种主要能源为例，具体分析我国能源消费情况。受消费需求驱动的影响，特别是石油的需求与产量之间供求缺口渐大，见表2.2。

表2.2　1990—2015年我国石油、煤炭的消费量、产量与供求缺口

年份	石油/Mt			煤炭/亿t		
	消费量	产量	缺口	消费量	产量	缺口
1990	114.86	138.28	23.42	10.26	10.79	0.53
1991	124.00	141.00	17.00	11.04	10.87	–0.17
1992	134.00	142.00	8.00	11.41	11.16	–0.25
1993	141.00	145.00	4.00	11.07	11.51	0.44
1994	150.00	146.00	–4.00	12.85	12.42	–0.43
1995	160.65	149.06	–11.59	13.77	13.61	–0.16
1996	157.86	157.29	–0.57	13.97	13.97	0.00
1997	184.69	160.44	–24.25	12.79	13.73	0.94
1998	188.31	160.52	–27.79	12.30	12.50	0.20
1999	210.73	161.23	–49.50	12.64	10.44	–2.20
2000	224.39	162.75	–61.64	12.45	9.99	–2.46
2001	228.38	164.93	–63.45	12.62	11.06	–1.56
2002	230.72	168.87	–61.85	13.07	13.93	0.86
2003	267.00	170.00	–97.00	15.69	16.67	0.98
2004	308.60	175.90	–132.70	17.80	19.56	1.76

年份	石油/Mt			煤炭/亿 t		
	消费量	产量	缺口	消费量	产量	缺口
2005	317.67	181.00	−136.67	21.13	21.10	−0.03
2006	346.55	183.68	−162.87	24.60	22.00	−2.60
2007	362.00	186.00	−176.00	25.80	25.23	−0.57
2008	373.03	190.44	−182.59	28.11	27.51	−0.60
2009	383.85	189.49	−194.36	29.58	29.73	0.15
2010	432.45	203.01	−229.44	31.22	32.35	1.13
2011	453.79	202.88	−250.91	34.30	35.16	0.86
2012	476.51	207.49	−269.02	35.26	36.45	1.19
2013	—	—	—	—	—	—
2014	—	—	—	—	—	—

注："+"为产量大于消费量，"−"为产量小于消费量。

资料来源：2003 年前来自中国地质调查局发展研究中心；2004 年以后从各种统计资料收集的相关数据。

1990—2015 年，中国石油产量与消费量逐年增加，从 1994 年开始，石油消费量大于生产量，尽管产量依然逐年增加，但石油需求保持了旺盛态势，消费量增加的幅度大于产量的增幅，我国对石油的消费需求大大超过了本国石油供应，石油对外依存度日益增加。1995 年，我国石油对外依存度只有 10.23%，但到了 2003 年，对外依存度就快速增加到 34.95%，2009 年增加到 51.3%，一举越过国际公认资源 50%对外依存度警戒线；到 2013 年达到了 58.1%，逼近 60%。年均依存度为 51.1%。石油的生产和消费存在着明显的外部性，尤其是消费会受制于交通业的发展。从我国各行业石油消费构成看，交通运输业占 30%以上。目前我国汽车工业发展迅速，特别是在私家车方面，私家车的保有量以每年 20%以上的速度增长，这"井喷"般的迅猛发展无疑带动了居民出行交通用油的大幅增长，尽管人们可以通过技术进步使得汽车发动机的资源利用效率不断提高，但私家车拥有量的猛增将使我国国内的石油供求缺口逐渐加大，供求矛盾突出，对外依赖程度大幅上升。

2015 年，曹湘洪院士用大量数据分享了对未来中国炼油及石化工业的预测。2030 年，我国炼油石化工业面临的主要挑战，一是市场消费增速趋缓，产品缺少国际竞争力。柴油、汽油及石油消费将先后经历峰值，石化产品消费增速也将趋缓，石化产品基于原料因素缺少市场竞争力。“中国的能源和土地资源、道路条件、交通发展模式等决定千人汽车保有量饱和水平将明显低于发达国家水平。”预计 2020—2030 年中国汽车保有量将持续增长，但增速放缓，2030 年的保有量预测 3.8 亿～4.2 亿辆，2040 年以后逐步达到饱和。“替代燃料的作用越来越大，天然气汽车和电动汽车将快速发展。”随着天然气资源的增加，天然气汽车的使用会继续快速增长。同时我国政府支持电动车发展，2020 年后电动车会被更多消费者接受，但我国人口聚居条件造成的充电设施建设的困难会成为电动汽车发展的制约因素。基于燃油经济性的提高、行驶里程的缩短以及替代影响，我国汽油消费增速逐渐放缓，汽油消费量将在 2025 年前后达到 1.7 亿 t 左右的峰值。二是原油进口依存度继续升高。目前石油供需缺口逐年加大，石油进口是扩大石油供应的主要渠道，因此，中国石油进口呈现出持续增长的趋势。面临日益增加的对外依存度，我国的能源资源必将面临愈来愈加严峻的国际风险。三是环境治理任务艰巨，环境污染已成为我国经济社会发展中最突出的矛盾，炼油石化企业的“三废”排放指标越来越严，同时油品清洁化的标准不断提高。

综上所述，随着经济规模进一步扩大，工业化、城镇化的进一步加速，以及居民消费结构进一步升级，追求超过资源承载的过度消费，无休止扩大的消费规模，致使后备资源凸显紧张和不足，我国的能源资源的生产量越来越难以满足经济发展和人民生活水平提高的需要，迅速膨胀的能源资源需求不但给能源和矿产资源供给带来了巨大压力，也对国家经济安全构成了严重威胁。根据中国的能源与矿产资源条件、开发情况和供需变化，到 2020 年中国的能源结构不会有根本性改变，煤炭比重仍将维持在 60%以上。与此同时，中国的能源利用效率还处于相对较低的水平，这就意味着，从总体上看，我国的经济社会发展对能源和矿产资源的依赖要比发达工业化国家大得多，能源对经济增长的瓶颈制约作用越来越突出。所以，在当前国际金融危机、世界经济增长放缓、能源和原材料价格剧烈起伏的严峻形势下，加强对能源消费和生产的监测和预警，推行绿色消费模式，构建绿色发展的制度框架，对维护国家资源能源安全是当务之急。

2.3 我国现行消费模式对环境的严重污染

人类与环境之间存在着相关依存、相互制约的关系。一方面，人类自身就是环境的产物，是自然界的一部分，人类要依赖于自然环境才能生存和发展；另一方面，人类不是被动地适应环境，而是主动地改造自然环境，使之更适合于人类的生存与发展。人类与自然环境之间的关系密不可分，人类所从事的各种生产和消费活动都是在自然环境中进行的。两者构成了一个复合系统，将两者割裂开来，甚至对立起来，在理论上是错误的，在实践上也是极其有害的。在人类面前，自然环境是脆弱的，又是强大的。若人类消费不受约束，会导致环境恶化，这是环境脆弱的一面；但与此同时，由于环境恶化，它最终将不适合人们生存，人类必将自食其果，会有被毁灭的危险，所以说环境又是强大的。《中国 21 世纪议程》报告中指出，全球环境不断恶化的主要原因是存在非绿色消费和生产模式。非绿色消费模式的最大危害，不仅是对自然资源的耗竭，更重要的是损失了环境容量，危害着子孙后代生存的环境空间，最终威胁着人类的生存。工业化的一个全球性后果，是大量能源消费导致的全球温室气体增加。地球，在浩瀚宇宙中虽是沧海一粟，但是对她养育的所有生命来说，却比稀世明珠更珍贵，而温室气体却像明珠外的一层透明的玻璃罩，阻碍了地表的红外线向太空反射，地球温度因此而无法散发出去，地表不断增温而变热。地球表面的温度以每年 0.2℃的速度升高看似微小，然而在某一时间段和空间段引发的连锁反应却是很强烈的，地球自然生态系统的微妙平衡被严重地扰乱了，导致一系列超出人类承受范围的严重后果。2015 年 12 月 12 日，《联合国气候变化框架公约》近 200 个缔约方在巴黎达成了新的全球气候协议。巴黎气候变化大会是全球气候治理进程的关键节点，其成果关乎全人类应对气候变化和可持续发展的未来，是全球气候治理进程的里程碑，体现了世界各国利益和全球利益的平衡。根据协定，各方同意结合可持续发展的要求和消除贫困的努力，加强对气候变化威胁的全球应对，将全球平均气温升幅与前工业化时期相比控制在 2℃以内，并继续努力、争取把温度升幅限定在 1.5℃之内，以大幅减少气候变化的风险和影响。此外，协定指出发达国家应继续带头，努力实现减排目标，并加强对发展中国家的技术和能力建设支持，在减缓和适应两方面提供资金资源，帮助发展中国家减缓和适应气候变化。发展中国家则应依据不同的国情继续强化减排努力，并逐渐实现减排或限排目标。

就我国气候环境状况而言，“富煤、少气、缺油”的资源现状，决定了我国的能源消费结构必将以煤为主，1990—2015 年，除个别年份，煤炭的产量和消费量都呈不断增长趋势，产量的增加与消费量的增长交替变化。2006 年，中国煤炭消费已“稳居”世界第一，其中生产占当年世界总量的 39.1%，消费占当年世界总量的 38.6%，比排名第二的美国多了一倍多。煤炭的大量消费增加了空气中二氧化碳和二氧化硫的含量，煤烟型污染成为我国空气环境污染的主要特征，中国是世界上主要的温室气体排放国。近年来，发生在我国的极端性天气和气候现象的频率和强度明显增大，雾霾频发，环境承载能力逐渐变弱。随着我国工业化、城市化进程的深入，由于缺乏系统的环境保护措施和政府管理机制，我国经济发展和居民生活消费所产生的空气污染已造成了从点到面的生态环境破坏。科学研究显示，2008 年成为自 1850 年有气象记录以来的第 10 个最热的年份。2009 年也刷新了过去的高温纪录，成为最热的一年。2009 年，我国因旱灾造成直接经济损失 1 099 亿元，增加 2.58 倍；低温冷冻和雪灾造成直接经济损失 172 亿元，死亡 40 人。在 2008 年世界粮食日前夕，绿色和平组织与中国农科院联合发布由中国权威专家撰写的《气候变化与中国粮食安全》的科学报告，指出气候环境变化正在威胁中国粮食安全，可能导致 20 年后中国无法实现粮食自给。目前气候环境变化已成为中国贫困地区致贫甚至返贫的重要原因，据报道，95%的中国绝对贫困人口生活在生态环境极度脆弱的地区，他们将要承担气候变化带来的最大恶果。据专家预测，如不改变目前的消费和生产模式，到 2030 年全球二氧化碳的排放量可能超过 380 亿 t，由此引发的温室效应足以改变我国的农业生产布局，这将严重威胁我国经济的绿色发展。

从结构上看，人的消费和生产活动与自然环境共同构成一个统一的环境——经济系统，这一系统中最重要的要素便是人口、资本、资源和技术。这四个基本要素又共同形成三个子系统：环境子系统、经济子系统和技术子系统。环境子系统是整个系统运行的基础，它为人类的生产和消费提供空间、物资、能量、生态等的支撑；经济子系统作为这个大系统的主体，是人类意志的体现，是为人类提供消费所需的物品和劳务的投入—产出系统。人类要维持生存就要不断地与环境进行物质变换，通过生产与消费的实践从自然界获取物质生产与生活资料和精神食粮，来满足自身的生存和发展需要。同时，人类又将生产与消费实践中所产生的废弃物返还给环境，实现人与环境之间进行物质变换的完整过程。这也意味着，环境受人类活动的影响，从而成为了人化环境。经济子系统又包括了两个更小的系统：一是以生产者为代表的生产系统，通过生产活动来影响环境子系统；二是以消费者为代表的消费系统，通过消费需求来影响环境子系统，直接表现为消费残余物，包括正常消费残余和过度消费残余物。

技术子系统是连接环境子系统和经济子系统的中介环节。如图2.1所示，这三个系统之间既相互独立，又相互联系，形成一个有机统一的整体。

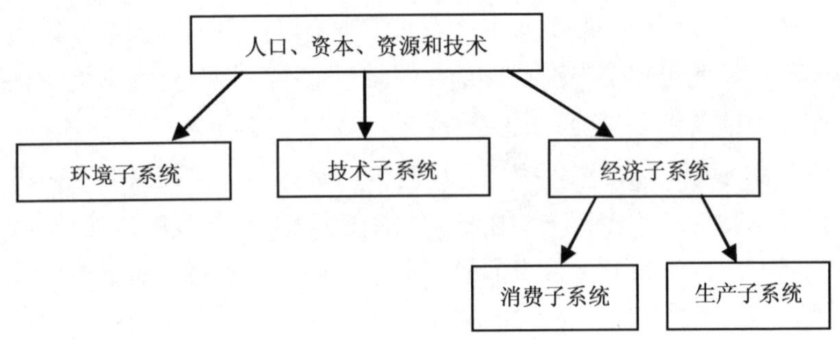

图 2.1 环境、技术、经济子系统关系

经济子系统与环境子系统因为资源的供取和废弃物的排纳，形成了一对相互作用的矛盾统一体。长期以来，由于经济系统的畸形发展，人类只考虑从自然界索取，不考虑人类行为对环境的影响与压力，环境作为一种生存前提被忽略了其应有的价值和地位，进而导致整个大系统的失衡。在“重增长轻环境”的大背景下，形成了单纯以经济增长为准的GDP评价标准，只注意了经济系统的发展，殊不知，大规模的物质生产与消费所带来的环境问题，却在一定程度上困扰和制约中国经济的绿色发展。

而在经济系统内部，更是仅从生产系统的角度出发，忽视了消费系统对环境系统的关键驱动作用，形成了缺失性的决策模式。这是由于消费具有较高的私人隐蔽性和个人自由，因此它对生态环境的消极影响被普遍地忽视了。事实上，近年来，拉动内需、刺激消费政策的贯彻执行，居民消费对环境的影响力将必然逐渐增大。在我国，经济子系统中的消费活动对环境子系统的作用主要表现在以下 3 个方面。

第一，生活垃圾带来了严重的环境污染。以城镇为例，我国城镇居民生活垃圾数量与居民人均生活消费支出几乎同步增长，在我国近 2/3 的城市被环城的垃圾带所包围，垃圾不仅占用了土地，也在一定程度上污染了城市地下水资源，对城市环境和居民的健康构成威胁。在农村，因为消费品的构成中非自产自销商品的比重越来越大，所以，生活垃圾的数量也随着农村居民消费水平的提高而不断增大。一些未经处理的生活垃圾，严重恶化了农村居民的生活居住环境。我国未来 20 年，被排放到环境中的未经处理的污染物总量还会继续增加。其原因在于我国电子垃圾的产生高峰已来临，各种家用电器等耐用消费品更新换代还将提速，家电中含有的铅、汞、镉等大量有毒有害物质所形成的废弃物，是很难利用和处理的，这些废弃物若回收处理不当，很可能加重环境污染。

第二，能源的大量消费所带来的环境问题也日益突出。这表现为：①居民的生活消费对能源的直接消耗及其产生的直接碳排放。从日常家居用能量消费看，我国家庭炊事用能量相对稳定，碳排放量的增长主要源于出行、采暖、家电等居住用能量的增加。近年，私家车在中国的快速发展已是有目共睹。汽车密度和尾气已经给交通和环境保护带来了一定的负面影响。曾经有学者对出行 1 500 m 以上步行、自行车、公共汽车和小轿车等几种出行方式对社会的优势（包含能源利用效率更大、更少的空气污染等指标）与对个人的优势（更少的用户费用、更好的个人环境、更大的灵活性、更高的出行频率、更强的舒适感、更少的出行时间和携物的容易性等）进行过比较，从综合优势（个人优势+社会优势）来看，结论是小轿车居末位。说明小轿车在出行成本上升、环境代价增大的同时，并未带给人们预期的方便、快捷与舒适。当然，我国居民能源消费结构从以煤炭终端消费为主向电力、燃气等二次能源及太阳能等清洁能源过渡，则部分减缓或降低了碳的排放。总之，随着我国城乡居民家庭消费恩格尔系数的持续下降，居民消费结构的变化对能源消费及环境的影响仍然不容轻视。②支撑居民消费需求的整个国民经济产业体系的发展所引致的能源的消耗及其碳排放，这可被认为是由居民消费产生的间接碳排放。由于居民在不同时期对各类消费品的需求不断地变化，各类消费品从原料采购、生产、运输、销售直至消费的各个环节的载能结构与载能水平在不同年份也会有所不同，以及社会经济、能源结构的不断发展与调整，在前述所提的多种客观因素的综合影响下，居民消费品间接碳排放的发展变化也更具复杂性。

第三，贫困迫使人们产生非绿色的消费行为。至于人类消费活动造成环境污染的程度，一些经济学家们通过考察贫困人口的分布及其与环境恶化程度之间的关系发现，人均收入水平低的国家和地区的环境恶化通常比人均收入水平高的严重。

一方面，贫困会加剧人们消费行为的非理性，穷人比富人更依赖于自然资源，越是经济贫困的地区，其对自然资源环境的依赖程度越高。由于贫困，就希望通过多生育来增加劳动力，提高家庭收入，而人口增长只能通过强化消费有限资源来补充生活所需，尤其是在一些生态脆弱区，如热带森林、干旱和半干旱地区、高山地区，这些地方的人们对当地生态系统中有限生物量竭泽而渔和过度放牧的行为，破坏了草原生态系统的完整性，加速了环境恶化。再有，在我国的一些贫困地区为解决住房、粮食和燃料等燃眉之急，往往任意砍伐森林。森林的毁灭又破坏了生态平衡，造成水土流失等一系列问题，而在这些地区，谁又会担心被砍伐的森林是否会引致若干年后的耕地的荒芜和水土的流失？这充分暴露出一部分人在物质极度匮乏之后产生的心理反弹及在满足自己消费需要的同时破坏资源环境的社会弊病。

另一方面，由于贫困，使投入环境改善的费用相应减少，也会使环境恶化加剧。这就是贫困导致环境破坏，环境破坏又进一步加剧贫困的恶性循环的本质。因此，贫困迫使人们产生滥用自然资源和破坏自然环境的非绿色的消费行为。

从未来趋势看，居民消费模式等人文因素的变化有可能对环境产生更大的影响。消费是经济子系统的出发点和归宿，建立绿色消费模式有利于发挥经济—环境系统的关联性，对治理环境恶化具有指导性作用。消费对经济系统的主导作用决定了绿色消费模式而非生产模式是实现环境、经济和技术子系统三者平衡的关键。主要源于以下几个方面：

第一，从解决环境问题的公平效益角度和能力看，由于经济—环境系统问题的解决涉及政府、生产者和消费者等众多主体。生产模式的转变只能解决企业生产源头性污染，但对个人环境决策，尤其是生活领域的环境决策难以产生实质性的影响，甚至会造成部分利益相关者的缺失。消费模式转变从消费入手，其转变直接影响到生产者和消费者，由此引起的政策变革又与政府息息相关，容易形成政府、消费者和生产者利益相关者的互动，有利于系统各环节问题的解决。况且，消费模式转变也能够带动生产模式的转变，因此说，消费模式转变是关键性的改变。

第二，只有绿色消费模式才能解决我国环境面临的“消费主义”问题。受全球“消费主义”的影响，人类日益膨胀的消费欲望，我国一部分居民有过度消费的倾向，加快了我国的能源消耗，由此产生的消费残余物是造成我国环境污染的重要源头。消费子系统对于环境子系统的影响呈逐年升级趋势，它使我国面临严峻的资源短缺和消费性污染，消费系统的膨胀已损害了环境子系统。

第三，事实上，人口数量的变化对环境的影响在一定程度上也主要是以消费模式的变化为载体而产生作用。

技术子系统作为连接环境子系统和经济子系统的中介环节。在技术子系统和环境子系统方面，理论与主要发达经济体及代表性发展中国家碳排放演变规律都表明：碳排放的演变具有阶段性。在技术进步驱动下，从长期来看，碳排放随着时间的演变，先后或依次遵循三个“倒U形”曲线规律，即碳排放强度倒U形曲线、人均碳排放量倒U形曲线和碳排放总量倒U形曲线（见图2.2）。所以说，短期内，技术进步因素对环境的影响有限。但从图中我们还可以看出，从碳排放强度高峰到人均碳排放量高峰之间经历的时间相对较长，而从人均碳排放量高峰到碳排放总量高峰所经历的时间相对较短。但这也预示着：虽然技术进步驱动下碳排放的演变的三个“倒U形”曲线规律不可逾越，但不同碳排放高峰的峰值和不同高峰之间的时间间隔完全可能通过技术进步的加速而降低和缩短，我国未来通过技术进步改善碳排放的潜力仍十分巨大，即从长期看，技术进步对环境的影响显著和持久。

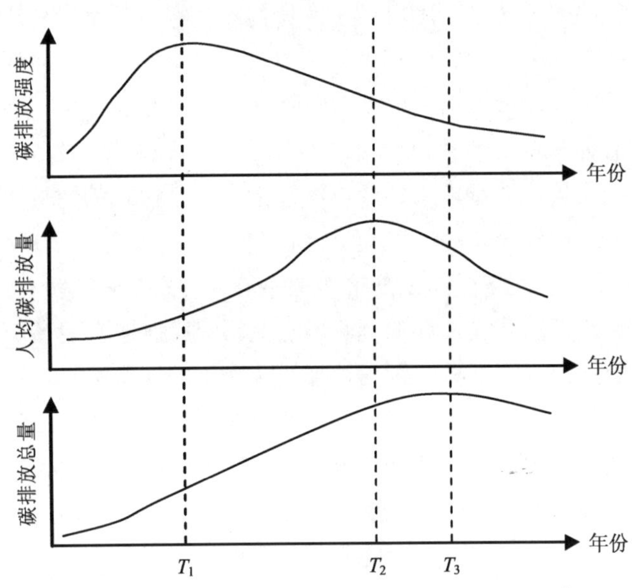

图2.2 碳排放的三个倒U形曲线演化态势

溯源历史，20世纪以来，正是由于科学技术的日新月异，新工艺、新材料、新能源的涌现才使得人们的消费面对更加多样化的选择，消费结构发生了深刻变化。近年来，我国加强了支持绿色消费技术体系的研究和攻关，取得了重大的成就，这为我国实施绿色消费模式奠定了坚实的后盾。科学技术可以从两个方面促进绿色消费模式的建立：

一是不断研究和开发“资源节约型”“环境友好型”产品，形成绿色产品的生产市场，使消费者有更多的“两型”产品利用，实现以较少的资源满足人类生存和发展的需求的同时提高资源利用率。例如，通过对汽车的性质改进，或者采用更洁净、更高效的能源替代品，如当前正在推广使用的乙醇汽油，可减少汽车的耗油量和对空气的污染；再如，还可以依靠科技，对建筑材料、建筑结构进行创新，对室内空调、冰箱等也不断实现性能升级，满足人们日常生活节能环保的需求。

二是通过科技转变消费模式。在现实生活中，人们可以使用4G手机，将无线通信与国际互联网等多媒体通信结合构成一个“家庭信息中心”，来构建家庭信息消费方式。人们可以利用它提供的处理图像、音乐、视频流等多种媒体形式，帮助实现包括网页浏览、网上购物，电话会议、电子商务。借助网络化消费可以简化消费流程，降低消费成本，减少对楼房、办公室、报纸杂志等纸张资源生产和运输等的需求，保证生活和工作环境的环境友好。

然而，我国目前科学技术仍存在很多问题，一是整体上仍处于追赶地位，在很多关键领域仍需进一步攻关；二是科技创新方向长期整体上缺乏人文关怀和生态关怀。绿色消费不仅对科学技术向节能高效目标的进步提出要求，更要在减排环保方面有突出要求，否则即便一定程度上降低单位产品生产的资源环境消耗，但随着人口增长和消费水平提高，经济发展对生态环境的整体压力仍将进一步增长，生态环境危机难以得到解决。根据环境管制的“波特假说”，环境管制要获得环境状况改善、生产效率提高的双重红利，就必须在环境管制与科技创新之间架起连接的桥梁，即科技创新不仅要提高生产效率，而且要促进环境保护。在今后一段时期，我国可充分利用国际合作机制加速有利于环境保护和改进环境的环保技术的引进和创新，加快低碳能源技术的研发，改善能源利用模式，优化产业结构和能源消费结构，提高能源资源环境利用效率，发展低碳排放的风能、太阳能等新兴能源行业，积极建立二次能源综合利用开发体系，以节能减排为契机，配合法律、价格、行政、标准等多种手段，对采用先进技术进行污染防治者提供低息或无息贷款，提高能源资源环境利用效率和促进节能，加强减排政策的社会经济影响研究，形成节能减排的长效机制，抑制未来环境压力的上升。也许在不远的将来，高科技的发展将带给人们与现在完全不同的消费，越来越多有商业前景的“蛙跳技术”，将会为我国实现利用高新技术的跨越式发展创造条件，会更有利于资源环境的保护利用和社会的绿色发展。

由以上分析可知，解决环境问题的思路，理应从“修复”三个子系统着手，重新建立三者的协调平衡关系。需要注意的是，我国现行的消费模式对资源和环境的绿色发展产生了较大的影响，与我国建设生态文明的要求相距甚远。在资源、环境约束日益强化的今天，实施绿色消费模式十分必要，也十分紧迫，只有建立绿色消费模式才能从根源上解决环境问题。

2.4 我国建立绿色消费模式的主要障碍

除了长期面临着自然资源供给短缺和环境承载力的约束外，建立绿色消费模式还存在以下障碍。

2.4.1　绿色消费法律机制不严密

法治是人类文明进步的标志，是维护社会公平正义的基石。我国民本和法制思想自古有之，几千年前就有“民惟邦本，本固邦宁”的说法。2014 年 10 月召开的十八届四中全会提出，法律是治国之重器，良法是善治之前提。十八届五中全会上，“四个全面”战略布局首次写入中央全会文件，成为国民经济和社会发展第十三个五年规划的重要内容。其中，“四个全面”之一就包括全面推进依法治国。当前，我国正在不断推进科学立法、严格执法、公正司法、全民守法进程。全面依法治国就是要立规矩、讲规矩、守规矩，让法律作为最大的规矩来调节和规范社会行为，使社会稳定有序，使市场与政府的边界得到界定，在明晰的法律框架下，绿色消费的活力和可持续性也会得以增强。主要发达国家的经验也表明，推进消费的最根本手段是法律，发展绿色消费最有力的保障是法律体系。我国绿色消费模式的建立和发展已经有了一定的法律基础框架，例如，《消费者权益保护法》中关于消费者九项权益中的第一条就是安全权益，这也体现了绿色消费的理念；但是，我国绿色法规还没有形成严密的体系，在促进绿色消费方面的法律机制也存在一定不足，缺乏多层级的法律法规为绿色消费的推行提供强有力的保障，完整的法律体系有待逐步完备和形成。再如《清洁生产促进法》《循环经济促进法》《可再生能源法》等散见于我国现行法律体系当中。还有些法令在全国范围内不一致。又如，在我国，只有吉林省在省级范围内实施全面“禁塑”的法令，我国出台限放烟花爆竹政策的城市仅 536 个。还有，环境保护方面没有硬性指标的规制，具体措施在实施中也就缺乏刚性。虽然这些规范性文件对于绿色消费都有所涉及，但是各自强调绿色消费的某一方面，不够系统，法律效力也不统一，使得推行绿色消费的诸多工作无法可依。

还有一点值得注意，我国的消费业正在向绿色方向发展。随着生活节奏的加快，互联网已经走进千家万户，网络购物、第三方支付、移动终端支付等新型消费业态以科技化、生态化、动态化、多样化的特点，促进了人的生活消费与环境、资源相协调。我国的消费者越来越趋向于使用移动互联网，网络就跟空气和水一样，“互联网+”正不断推动着消费电子创新。B2B、C2C、O2O 等网购模式已经成为我国社会购物的主流，网络购物成为了一些人的首选。数据显示，2014 年我国以销售量约为 4.5 亿部占据了智能手机的“主战场”，智能手机正引领着消费趋势。除此之外，绿色住房、旅游、汽车、教育、食品、家电、服装等绿色产品或服务正在成为新的消费热点。值得注意的是，消费者在运用以上消费业态时会存在安全隐患，使得网购、手机支付、银行支付、第三方支付等出现了核心的问题——安全问题。面对新型消费业态，我国现有的法律、法规针对性差、适用性不强。综上所述，法制建设的滞后制约了我国绿色消费的健康发展，我国要完善法律体系，特别有必要编撰一套独立而完整的《绿色消费推进法》，并加大公权力及政府执法部门对失信行为监管处罚打击的力度。

2.4.2 绿色消费政策体系不健全

李通屏（2010）指出，消费政策体系涉及政府的财政政策、货币政策、收入政策、产业政策、就业政策、环保政策等一系列宏观经济政策。1998 年以来，我国扩大绿色消费除采取积极的财政政策、稳健的货币政策等多项措施以外，还积极推进城市化、大力提升人力资本等重大战略措施。单项推进的消费政策的功力是有限的，甚至有部分政策“缺位”和“越位”并存，效应相互抵消。我国的绿色消费在有的领域存在制度空白和盲区。除此之外，有的各项现存制度之间缺乏有效衔接，形成不了合力。有的消费政策以短期性、临时性为主，临时性消费政策易引起绿色消费需求的反复波动，甚至有些政策措施还具有怂恿污染型消费的倾向。因而，当前制度引导对我国绿色消费发展的作用依然有限。另外，在政策的制定和执行中，存在对政策作用对象的具体情况缺乏充分把握，在政策区域上不加以区别，简单划一的现象。因此，政府要制定完善的消费政策，解决绿色产品和绿色消费的外部性问题。

2.4.2.1　绿色消费税制不完善

现行消费税制在一定程度上放缓了我国绿色消费的发展速度。表现为：①征税范围偏窄，不能体现节能环保的绿色功能。我国的消费税所涉具有环境负外部效应的税目只有 7 种，而对广泛存在且在使用过程中和废弃后会对自然环境产生不同程度破坏的产品，如不可降解的塑料制品、一次性包装物、汞镉电池等都未纳入消费税征收范围；对污染环境的能源产品除成品油以外绝大部分如煤炭等都不在消费税征税范围之内；一些西方国家已开始征收垃圾税、噪声税等相关税收，而我国未将此类行为纳入征税范围。②消费税的税收杠杆的调控作用有待加强，消费税对引导绿色消费的税率差别还不够，尚未能通过差别税率充分体现促进绿色消费的政策取向。如对含铅汽油与无铅汽油的税率相差无几等。③税率结构不符合绿色消费的发展要求，例如，我国消费税优惠条款中仅对符合环保标准的汽车减征 30%的税额，并未明确作出对生产、消费低污染、低耗能产品及绿色产品的相关税收优惠规定。此外，我国现行消费税计税价格仍旧采取的价内税模式，对促进绿色消费发展的作用十分有限。如图 2.3 所示，实施绿色消费税制，不仅让当代人受益，还能福泽后代，消费的绿色性和生态文明的长效性将得以实现。

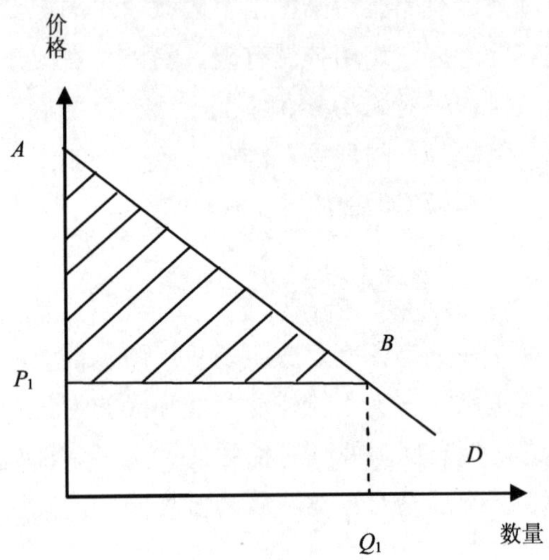

（a）价格变化前的消费者剩余

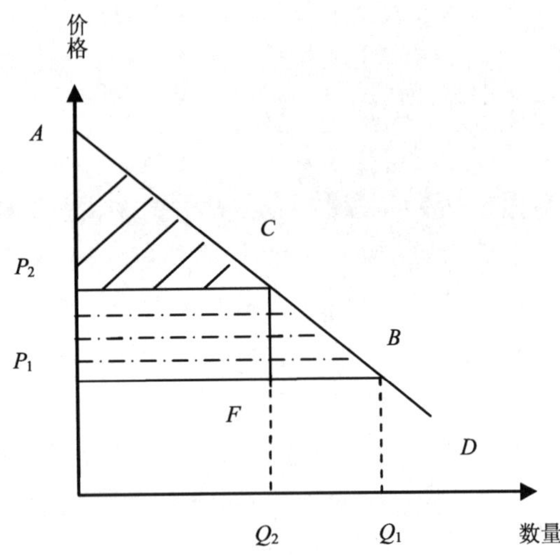

（b）价格变化后的消费者剩余

图 2.3 价格变化前后消费者剩余的变化

图 2.3（a）中 D 是某种资源商品的需求曲线，当市场价格为 P_1 时，消费者购买数量为 Q_1，消费者剩余是 P_1AB；图 2.3（b）是将资源价值纳入成本以后，资源产品价格上升为 P_2，此时消费者调整其购买量为 Q_2，消费者剩余减少为 P_2AB，其中 P_2CFP_1 转化为税收，以上分析从表面上看，资源类商品价格提高，既减少了消费者剩余，又损失了社会福利，但其实消费者剩余的降低和社会福利的损失是把过去免费使用资源而虚增的经济剩余归还给自然的结果，是实现人与自然和谐的理性选择。短期的、纯经济效益判断的消费者剩余的减少和社会福利的损失，即图 2.3（b）中 P_2CFP_1 部分以自然资源税的形式上缴给国家，政府征缴的自然资源税一方面可以校正由于自然资格价格扭曲而造成的市场失灵，另一方面政府作为自然资源利益的代言人，应为自然资源的修复、更新以及替代品研发提供资金支持，CBF 部分是减少自然资源耗费而节约的经济价值；从长远来看，二者都将转化为生态效益，消费者剩余的减少可以从生态恢复带来的福利中得以补偿。

2.4.2.2 绿色消费价格政策存在困境

产品价格机制的不完善制约了绿色消费。所谓外部性，就是某个社会成员的经济活动对其他社会成员所产生的利益影响，没有通过市场价格机制得以反映，这会造成资源与环境私人成本与社会成本的差异和冲突，并造成一定的社会福利损失。消费领域中的正外部性表现在环境资源（如环境基础设施、草坪）会出现供给不足，社会收益大于个人收益，既然得不到带来正外部效应的环境投入的全部收益，理性的个人必将尽可能少地从事这类活动；消费领域中的负外部性表现为消费者的污染行为破坏了环境，但却没有为此付费。正是因为消费者的污染成本没有并入其消费成本，而只是成为由他人或社会买单的社会成本，因此，在私人成本小于社会成本的利益驱动下，理性消费主体竞先“免费搭车”，按照边际收益和不包含社会成本的边际消费成本的交点决定消费量，这一数量必将超过考虑社会成本时的消费量，从而导致低价或免费资源的过度消耗和污染物的过度排放。污染者没有为其产生的负外部性行为付费，也没有对资源环境进行补偿性的投入，其结果只可能是资源环境由于投入不足和过度使用而产生退化、破坏甚至耗竭。进入工业社会以来，人类消费活动的负外部性日益显现，过度的开发和消费远远超过资源环境本身的自我修复能力，以致资源环境已不可能恢复其原先的生态功能。

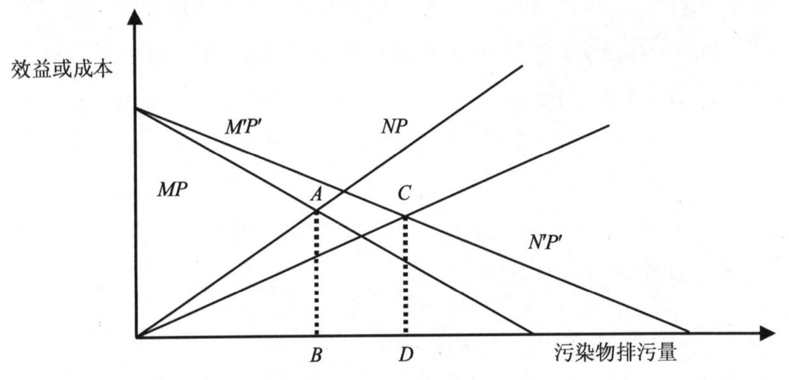

图 2.4 排污量与排污的成本与效益

在图 2.4 中，*NP* 表示将一部分污染环境的外部成本内部化为消费边际外部成本。该线向右上方倾斜，表示随着消费者排污量的增大，消费者所付出的边际成本也要增加。*N'P'*表示没有将污染环境的外部成本内部化为消费边际外部成本。由于未将污染物排放的外部成本内部化，造成消费者消费成本的降低，因此，*N'P'*斜线位于 *NP* 斜线的下方。*MP* 表示将一部分污染环境的外部成本内部化为边际消费者纯收益，即消费者消费活动中的边际收益减去它所支付的边际成本之差。该线向右下方倾斜，意味着随着污染排放量的增大，消费者所付出的消费成本大于消费活动中所得到的收益，边际私人纯收益逐步降低。$M'P'$表示没有将污染环境的外部成本内部化为边际消费者收益。与上述分析相同，在未将污染物排放的外部成本内部化前提下，消费者在一定污染物排放量的情况下，$M'P'$的收益大于 MP，因此，$M'P'$斜线位于 MP 斜线的上方。MP 与 NP 相交的 A 点与横轴相交所对应的 B 点代表将一部分污染环境的外部成本内部化为消费者污染物排放量。$M'P'$与 $N'P'$相交的 C 点与横轴相交所对应的 D 点代表没有将污染环境的外部成本内部化为消费者污染物排放量。由图 2.4 可知，当一个社会没有将污染环境外部成本内部化，即消费者私人消费效益不会受到因排污量的增多而减少时，消费者为了进一步扩大效益，往往导致对低价或免费资源的过度消耗和环境污染的加剧。

在我国，基于维护低物价或低通货膨胀等考虑，土地、水、油等重要资源的价格长期由政府实行管制，而且一直实行重要资源的低价格政策，我国现行的价格体系并不能反映出自然资源、原材料和制成品对环境的影响，它所带来的后果是：价格机制不仅不能有效地配置自然资源，而且还在一定程度上扭曲了资源稀缺程度和供求状况，造成了这些重要资源的巨大浪费和过度消费。由于资源的使用者或环境破坏者没有支付应有的代价，因而其行为也就没有受到应有的约束。这实际上是鼓励了对自然资源的过度开采、消费，妨碍了资源节约集约利用的生产和消费方式形成，制约了绿色消费模式的建立，危及了人类社会的绿色发展。应增加浪费行为的经济成本，成本的提高能促使使用者提高资源利用效率，抑制过度需求，并在各种基本资源、能源消费中设置更为合理的阶梯价格，在保障居民基本消费的基础上，加强对浪费行为的有效遏制。

2.4.2.3　收入分配制度不够合理

消费品市场增长最根本的源泉是居民收入。改革开放以来，我国经济持续高速发展，人民收入水平也有了较大提高，财富不断积累，但我国是一个发展非常不平衡的国家，地区差距十分明显，这种差别在宏观上表现为发达地区与欠发达地区之间、农村和城市之间的收入差别，在微观上表现为同一地区不同社会成员之间的收入差别。收入的不平衡导致消费的不平衡，虽然经济发达的地区，如北京、上海、广州等地，由于收入水平的不断增强和国际化程度的加大，人们的消费能力很强，消费范围已经远远超越了满足自己衣食住行的消费需要，有些居民的消费模式与发达国家或地区的非常趋近，甚至盲目攀比，追求奢侈之风已经开始蔓延。而在中西部部分省份，经济发展缓慢，居民收入偏低，还只能满足温饱，甚至有个别贫困地区，大部分的社会成员受到收入水平的限制还处于贫困状态，温饱问题还没有得到彻底解决，他们的消费模式还有巨大的扩展空间。贫困分为两大类：一是绝对贫困，指个人或家庭依靠劳动所得和其他收入不能满足基本的生存需求；二是相对贫困，指虽然解决了温饱问题，但是不同社会成员或地区之间存在着明显的收入差异，低收入的个人、家庭或地区相对于全社会而言处于相对贫困状态。马斯洛的需求理论中指出："只有在消费者的基本需求得到满足的前提下，更高层次的需求才能成为其所追求的目标。"贫困和非绿色消费行为具有高度的正相关性。基于以上分析，如果没有经济基础的保障，不满足贫困人口的基本需要，消费水平将难以提高，更遑论绿色消费模式了。所以，应切实提高消费者目前的收入水平。

根据经济合作与发展组织（OECD）的数据，2011 年我国人均国民收入已达 7 476 美元，已经达到了消费成为主动力的阶段。新常态下，推动绿色消费的主力军是中等收入群体，引领未来消费市场新常态的也是中等收入群体。然而，现阶段，虽然消费者目前的收入水平已然有所提高，实现到 2020 年城乡居民人均收入比 2010 年翻一番的目标仍需努力，这是基于以下原因：

其一，经济减速必然带来居民收入增长的减速，居民特别是农村居民人均纯收入年增长率仍需提高。如表 2.3 所示，进入 21 世纪以来，中国国内生产总值年均增长 9.34%，而农村居民人均纯收入年增长率仅为 8.51%，虽然近 5 年农村居民收入增长迅速，但为了充分分享经济增长的成果，还应继续让广大农村居民的收入与 GDP 增长速度同步，继续增强农村消费者的购买力。而在我国，居民贫富差距仍在拉大，基尼系数在世界上处于较高水平，对消费增长和消费升级形成了较大约束。生活在最基层、最底层的老百姓的收入是最低的，收入很多年难得上涨，如广东沿海在 20 世纪 80 年代打工者的收入就达到每月 2 000 元左右。现在，他们的收入还是这么高，甚至有所降低。此外，居民收入慢于财政收入增长速度。2010 年以来，如表 2.4 所示，政府税收年均以 15%左右的速度在增长，超出了 GDP 增速，也高于居民收入的增长速度。这表明了客观上存在“税收挤压居民收入”的情况。即政府最终可支配收入的规模迅速扩大，相应人们可支配的收入明显削弱。这也是导致中国消费率不断下降的主要原因之一。

表 2.3　中国国内生产总值年度增长速度与城乡居民收入年增长率

单位：%

年份	国内生产总值年度增长率	城镇居民人均可支配收入年增长率	农村居民人均纯收入年增长率
2000	8.0	6.4	2.1
2001	7.3	8.5	4.2
2002	9.1	13.4	4.8
2003	10.0	9.0	4.3
2004	10.1	7.7	6.8
2005	10.4	9.6	6.2
2006	11.6	10.4	7.4
2007	13.0	12.2	9.5
2008	9.0	8.4	8.0
2009	8.7	9.8	8.5
2010	10.6	7.8	10.9
2011	9.5	14.1	17.9

年份	国内生产总值年度增长率	城镇居民人均可支配收入年增长率	农村居民人均纯收入年增长率
2012	7.7	12.6	13.5
2013	7.7	9.7	12.4
2014	7.4	9.0	11.2
均值	9.34	9.91	8.51

资料来源：《中华人民共和国 2014 年国民经济和社会发展统计公报》。

表 2.4　中国城乡居民收入年增长率与税收收入增长速度

单位：%

年份	国内生产总值年度增长速度	城镇居民人均可支配收入年增长率	农村居民人均纯收入年增长率	税收收入增长速度
2010	10.6	7.8	10.9	23.00
2011	9.5	14.1	17.9	22.60
2012	7.7	12.6	13.5	12.10
2013	7.7	9.7	12.4	9.80
2014	7.4	9	11.2	7.80
均值	8.58	10.64	13.18	15.06

资料来源：《中华人民共和国 2014 年国民经济和社会发展统计公报》。

其二，具有正外部性效应的绿色产品与服务的收入弹性和需求的价格弹性较高。现阶段，虽然消费者的消费水平已然有所提高，但过高的绿色产品与服务的价格难以对大众消费者产生亲和力，难以形成绿色产品消费和生产的良性循环。我国绝大多数消费者还都无力消费绿色产品，或者只能偶尔消费绿色产品。以绿色产品中最受关注的是绿色食品为例：为追求天然品质，在生产、贮藏、包装、申请认证、检验、运输、营销等环节有一定特殊要求，造成购买绿色食品比普通食品要高出 30%甚至几倍。绿色食品虽然比普通产品成本更高，但却有益于保障公众的生命健康、提高人民的生活水平，还有益于保护环境，即购买和消费绿色食品可以带来较大的环境与社会效益。因而，购买和消费绿色食品属于外部经济，具有正外部性效应，可以理解为利他。

基于以上分析，绿色消费模式以人们有较高水平的经济收入为支撑，要推广绿色消费模式、普及绿色消费，也必须要消费者的收入提高到一定的水平才能实现。只有不断提高收入水平，改革收入分配不合理局面，使收入水平达到较高水平，人们才有可能关注消费过程中人与资源环境的关系，才会关注其消费行为是否绿色。

2.4.2.4 社会保障体系有待健全

社会保障体系是调控消费需求，实现稳定增长的重要保证。在我国现代化过程当中，社会保障具有自己的独特的发展轨迹。在城市贯彻的是以组织为中介的保障体制，1978 年后，城镇居民在住房、医疗、教育、托幼等方面享受大量福利补贴，导致了城市居民的消费模式部分或者全部地受到自己工作组织的影响。从改革开放到 1991 年，国家放开了管的部分，收入、支出较为自由，而包得过多的制度反而强化。1992 年以后，以邓小平“南方谈话”为契机，中国向市场经济转轨的力度空前加大，伴随着体制改革深化，也带来了我国就业制度、住房制度、医疗制度、教育制度等各项社会保障制度改革的集中推进，工作组织办社会的功能逐渐退化。社会保障的变化也会影响到人们日常生活的实际利益，例如，在传统体制下，尽管城镇居民的收入水平较低，但几乎有工作能力和意愿的城镇居民都能得到一份稳定、连续、递增的持久收入，而就业制度的改革，又使几乎所有的人不能排除下岗失业的可能，因而难以保证收入的连续性。再如，1998—2008 年，我国扩大了普通高等教育和普通高中的招生规模，普通高等教育由 108 万人增加到 607.7 万人；普通高中由 360 万人增加到 837 万人。2009 年，我国大幅度增加了全国教育支出，其中中央财政支出 1 981 亿元，比上年增长 23.6%。全面落实了城乡义务教育政策，中央下达农村义务教育经费 666 亿元。与此同时，通过开办国家助学制度、实行义务教育阶段教师绩效工资制度、改善教职工居住条件，从长远看，这为我国今后长期的绿色消费模式的实施提供了必要的人力资本和社会资本储备。

同时，我们还应看到，我国目前社保体系和福利制度还不完善，我国当前提供给消费者满足其基本需求的公共物品太少，作为公共物品，医疗、教育本应具有消费上的非竞争性、非排他性，体现国家福利，但目前由于各种原因这些公共资源成了“稀缺消费品”，特别随着我国教育、养老、住房、医疗等领域改革的全面展开，增加了人们对未来的不确定性，使人缺乏稳定的预期。居民为应对失业、养老、医疗、意外等社会保障问题，不得不约束消费，加大储蓄力度。以医疗为例，普通老百姓家庭一旦有人得了重病，很有可能因治病而一贫如洗甚至负债累累，有得病不敢医的无奈。社会保障的不完善使我国绿色消费大众化程度的提高受到影响。另外，在农村方面，因长期受城乡“二元”结构影响，我国农村社会保障体系建立十分迟缓，现有保障机制整体上农村严重滞后于城镇水平，养老、子女入学、住房等问题限制了农民的其他正常消费支出，强化了农民消费的谨慎性心理，某些农民消费就会出现过度节俭的消费观念，产生所谓“节俭悖论”。大部分农民基本上还是习惯于通过储蓄积累来实现自己的消费需求，反对“超前消费”，普遍认为“无债一身轻”，感到“寅吃卯粮”式的借钱消费不踏实，形成了我国农村居民保守节俭型的消费模式。

如表 2.5 所示，自 2010 年 1 月以来，我国消费者满意指数始终低于预期和信心指数，这既使政府的消费政策不能正常发挥作用，又使消费者难以正常消费行为，形成了社会保障体系建设的短期影响和它长期发挥的宏观经济稳定性功能间的不一致。而相对而言，美国的社会保障覆盖率较高，90%以上的美国人从事为社会保障系统所涵盖的工作，平均 7 人就有 1 人在领取某种社会保障福利。

表2.5　消费者信心指数（2015年7月）

日期	消费者预期指数	消费者满意指数	消费者信心指数
2010.01	104.6	104.8	104.7
2010.02	104.5	103.7	104.2
2010.03	108.2	107.5	107.9
2010.04	106.8	106.2	106.6
2010.05	108.2	107.7	108.0
2010.06	108.9	107.8	108.5
2010.07	108.6	106.4	107.8
2010.08	107.9	106.2	107.3
2010.09	104.5	103.4	104.1
2010.10	104.1	103.1	103.8
2010.11	103.1	102.5	102.9
2010.12	100.6	100.1	100.4
2011.01	100.0	99.8	99.9
2011.02	99.7	99.5	99.6
2011.03	109.3	104.8	107.6
2011.04	107.5	105.1	106.6
2011.05	106.6	104.6	105.8
2011.06	111.4	103.2	108.1
2011.07	111.8	96.2	105.6
2011.08	110.4	96.9	105.0
2011.09	108.9	95.2	103.4
2011.10	106.3	91.8	100.5
2011.11	101.7	90.0	97.0
2011.12	105.3	93.2	100.5
2012.01	109.3	95.8	103.9
2012.02	110.9	96.2	105.0
2012.03	106.6	90.3	100.0
2012.04	108.5	94.7	103.0
2012.05	108.9	97.1	104.2
2012.06	103.2	93.3	99.3
2012.07	101.5	93.3	98.2

日期	消费者预期指数	消费者满意指数	消费者信心指数
2012.08	103.7	93.0	99.4
2012.09	104.1	96.0	100.8
2012.10	109.3	101.2	106.1
2012.11	109.4	98.6	105.1
2012.12	107.6	97.8	103.7
2013.01	110.1	96.1	104.5
2013.02	113.3	100.6	108.2
2013.03	107.9	94.5	102.6
2013.04	108.1	97.1	103.7
2013.05	102.7	93.4	99.0
2013.06	100.5	91.7	97.0
2013.07	101.0	91.4	97.2
2013.08	101.6	92.1	97.8
2013.09	103.5	94.2	99.8
2013.10	107.5	96.0	102.9
2013.11	102.7	93.3	98.9
2013.12	106.8	95.5	102.3
2014.01	105.0	95.4	101.1
2014.02	107.0	97.4	103.1
2014.03	112.3	101.3	107.9
2014.04	107.4	100.9	104.8
2014.05	105.6	97.3	102.3
2014.06	108.9	98.4	104.7
2014.07	108.0	98.9	104.4
2014.08	107.0	99.0	103.8
2014.09	108.4	100.9	105.4
2014.10	107.2	97.8	103.4
2014.11	109.0	100.3	105.5
2014.12	109.1	100.9	105.8
2015.01	109.0	100.8	105.7
2015.02	113.0	105.1	109.8
2015.03	110.3	102.3	107.1
2015.04	110.9	102.7	107.6

日期	消费者预期指数	消费者满意指数	消费者信心指数
2015.05	113.4	104.6	109.9
2015.06	108.0	101.8	105.5
2015.07	107.0	100.8	104.5

资料来源：中国消费者信心指数，http：//data.eastmoney.com/cjsj/xfzxx.html。

2.4.2.5　消费统计和经济增长核算不完善

我国消费增长数据与经济增长数据并不匹配，政府着力于充分利用现有资源满足不断增长的消费需求，而对资源和环境的破坏关注较少，这表明我国消费统计和经济增长核算都存在不完善之处。例如，缺乏绿色消费模式的综合评价体系与考评制度。这种不完善导致了地方政府重增长、轻发展，以致许多地方政府把 GDP 增长作为主要的追求目标，于是出现了资源消耗高、污染重的粗放型增长方式，即消费需求—资源消耗—环境污染的“线性模式”，建议健全绿色消费考评、公众参与、资源环境管理、生态保护补偿等统计与考核制度。通过健全统计制度实施体系，加强考核约束，不断满足人民群众对干净的水源、清洁的空气、安全的食品等资源环境的消费需求。

2.4.3　公众绿色消费意识存在困境

在我国，从历史渊源看，传统消费文化对人们的价值观念影响既有积极的，又有消极的，可谓良莠并存。前者如倡导勤俭朴素，“天人合一”的思想，注重修身养性等，对物质享受的淡泊和对精神追求的执着在今天仍有积极的现实意义。中国的传统文化非常强调人与自然相和谐的价值观。这些消费文化与我国的资源环境状况相符合，有助于培育绿色的消费行为，有利于人的全面发展，我们应加以秉承和发展；后者表现为受我国长期的封建制度的影响，消费陋习大量存在。从现状情景看，尽管我国国民素质和社会文明程度提高显著，生态意识、环保意识近几年提升明显，绿色消费者群体数量正逐渐扩大，但是我国绿色消费仍处于发展阶段，公众绿色消费意识困境。主要表现在：

其一，消费中攀比浪费意识依然存在。有些人在生活中有重物质消费、轻精神消费的倾向，在精神消费领域有明显的重感官刺激的倾向，甚至在个别群体和个别品种中，还出现了相互攀比的奢侈性消费。如饮食铺张浪费，大量使用一次性产品，以消费奢侈品和过豪华生活作为生活追求的目标，这种消费模式虽然对经济增长产生了刺激作用，一定程度上能体现消费者主权，但无节制地追求物质消费则把人变成纯粹的消费机器，毁掉了自然家园，荒弃了精神家园，这加剧了人与人之间、人与自然环境之间利益关系的矛盾冲突，还会诱导周围人进行物质攀比，助长了消费主义和享乐主义，阻碍着绿色消费模式的建立。又如，在我国，重大节日和婚丧嫁娶方面铺张型消费、礼仪性的人情消费名目繁多。表现在为了应酬活动中的请客送礼等形式化的支出，以及人情消费占家庭支出比例较大。以春节为例，近几年出现了一种春节“恐归族”的社会现象。按说春节是最浓的中国文化。为了工作和生活，有些人常年在外奔波，春节是一次难得的团聚机会，谁都盼望着早点回家，过一个团圆、热闹的春节，让家人感到亲情的温暖。然而，不知从何时起，春节成了“春劫”，令人恐惧，有人甚至不敢、不想、不愿回家过春节。有调查显示，导致有的人春节“恐归”的最大的原因是人情消费高得望而生畏。回家过春节是一次人情检验，买礼物、拜年、派红包，还有吃喝……春节期间，物价普遍上涨，而回家又必须购买大量消费品，全都算下来，开销不小。于是有的人选择逃避——干脆不回家过春节，与其春节回家“高消费”，不如把钱省下来，提高平时消费水平。再如，目前农村比较典型的消费表现为平时节俭与节庆仪式铺张并存，形成了“日常节俭克制、重要节日过度消费”的恶性循环，另外，在部分农村地区，封建迷信型消费大量存在，很多农民四处花钱找“先生”、“大仙”看病消灾等。这些愚昧消费不但没有任何实际意义，反而浪费了大量的钱财，影响了生活质量，有的甚至带来极大的社会危害，造成社会资源的浪费。

其二，绿色消费意识尚停留在较低层次的水平。据《经济日报》2006年组织的十城千户居民消费调查显示我国居民家庭生活消费的节约空间仍然十分巨大。调查表明，只有58%的居民在乎水、电、煤气费支出，并采取了相应的节约消费的措施，31%的居民虽然在乎这些基本的生活消费支出，但并没有采取必要的节约措施，而11%的居民根本不在乎这些费用。另外，2014年，环保部的一项调查显示，我国公众的生态文明意识呈现出“认同度高、知晓度低、践行度不够”的特征。在绿色消费方面，表现为大多数消费者虽然有一定的绿色消费意识，但是有一部分对绿色消费仍不能正确、充分理解，或存在着误解，容易形成“消费绿色”的误区，消费者对绿色产品并未形成主动、科学的辨别和选择，消费仍然比较盲目。从年龄结构看，我国当前绿色消费群体集中在年轻群体。即使是处于15～25岁阶段的年轻人，对于绿色消费的概念也多停留在了解名称的层面上，35～55岁的消费者的关注点也多停留在了解和使用带有绿色标志的产品上。这些现象说明绿色消费在我国仍有很大的发展空间。

以上分析表明，人们的行为受制于人们的观念，环保意识的强弱直接影响着绿色消费模式的推广，心灵环保是实现绿色消费的根本所在。要补上行动的短板，价值观的引领作用不可小觑。只有杜绝奢华消费的价值观，减少不必要的消费欲望，才能从根本上在个人层面实现绿色消费。我们必须以绿色发展价值观作为指导，根据我国国情，既继承传统消费文化优秀的一面，又要汲取现代消费文化进步的一面，以人和自然的协同进化为出发点，以生态与经济协调为目标，积极组织以绿色消费和绿色产品为主题的活动，加强对绿色消费相关知识的普遍指导与宣传，加深消费者对绿色消费和绿色产品的认知，唤醒消费者的环保意识，促进消费者的绿色消费行为。通过在全社会弘扬绿色消费的理念，逐步构建一套绿色消费的生活体系促进生态文明建设。

2.4.4 我国资源环境标准体系仍不够完善

虽然我国已经建立起来了部分资源环境保护标准，但相对于发达国家，我国的生态环境标准体系仍有许多需要完善的地方。这主要表现在，生产过程和生活环节中，有的环保标准不执行，有的环保标准落后，有的违规违法处理太轻。应将环境保护落实到每个产品的生产、流通和消费过程，让每个企业、每个社会组织、每个家庭和个人都自觉遵守环保标准。要强化行为主体对资源环境保护的责任意识和主人翁精神，促进行为主体在生产过程与消费过程中严格自律。

因此，不当消费模式加剧了我国的资源危机和环境恶化。我国现行消费模式总体情况是：消费水平不高，消费结构不够合理，消费方式较落后，消费环境存在缺陷。我国现行消费模式对资源造成了压力和对环境的严重污染。消费对经济系统的主导作用从三个路径决定了绿色消费模式而非生产模式是实现环境、经济和技术子系统三者平衡的关键原因。建立绿色消费模式有利于发挥经济—环境系统的关联性，对治理环境恶化具有指导性作用。在技术子系统和环境子系统方面：从长期来看，碳排放随着时间的演变，先后或依次遵循三个“倒U形”曲线规律，即碳排放强度倒U形曲线、人均碳排放量倒U形曲线和碳排放总量倒U形曲线。因此，短期内，我国以碳排放强度降低为表征的技术进步因素对环境的作用有限。从长期来看，技术创新可以扩大环境容量，技术进步对环境的影响显著和持久。与此同时，我国绿色消费模式构建也存在一些障碍，包括绿色消费法律机制不严密、绿色消费政策体系不健全、公众绿色消费意识存在困境、我国资源环境标准体系仍不够完善。我国绿色消费的时空关联和演变趋势的实证分析，将在下一章讨论。

参考文献

[1] 母建华. 营造安全放心消费环境　倡导健康文明消费方式——访中国消费者协会常务副会长兼秘书长母建华. 中国标准化，2006（3）：6-8.

[2] 祁京梅，肖晓程. 消费模式的新常态. 金融博览，2015（2）：20-21.

[3] 赵延德，张慧，陈兴鹏. 城市消费结构变动的环境效应及作用机理探析. 中国人口·资源与环境，2007，17（2）：63-68.

[4] 刘茂松. 论我国小康家庭消费模式. 消费经济，2001（3）：28-31.

[5] 冯慈理. 优化农民消费模式的思考. 甘肃农业，2009（3）：35-37.

[6] 香港大公报：中国奢侈品消费强劲成长令人汗颜. http：//finance.ifeng.com/money/wealth/story/20080916/279003.shtml，2008-09-16.

[7] 赵方园. 居民绿色消费与生态文明建设刍议. 信阳农林学院学报，2015（1）：16-19.

[8] 吴自强. 我国居民消费环境的优化策略. 现代经济探讨，2015（8）：30-34.

[9] 曾鸣. 构建诚信消费环境必要性探析. 中外企业家，2011（20）：158-159.

[10] 茹峰. 消费者呼唤安全的消费环境. 实践（党的教育版），2012（3）：34-35.

[11] 高峰. 我国的消费环境出了什么问题. 学习月刊，2016（1）：46-47.

[12] 倪琳，李通屏. 刺激内需条件下的消费政策匹配：国际经验及启示. 改革，2009（9）：37-42.

[13] 曾薇，秦书生. 论绿色消费的环境支撑体系构建. 科技管理研究，2013（16）：233-236.

[14] 乡人. 农村市场的消费环境亟须净化. 渔业致富指南，2012（7）：10.

[15] 赵展慧. 请归还我们安全的消费环境. 中国林业产业，2012（3）：21-23.

[16] 付潇翔. 网络消费环境下消费者反悔权制度的建立与完善. 市场研究，2015（2）：34-35.

[17] 崔巧环. 我国施行绿色消费的影响因素及对策分析. 理论导刊，2007（10）：116-118.

[18] 耿莉萍. 我国居民消费水平提高对资源、环境影响趋势分析. 中国人

口·资源与环境，2004，14（1）：39-44.

[19] 施发启. 对我国能源消费弹性系数变化及成因的初步分析. 统计研究，2005（5）：8-11.

[20] 魏晓琴，李蔚蔚，贾慧玲. 基于协整分析的中国石油进口与宏观经济的关系研究. 中国石油大学学报（社会科学版），2008，24（3）：5-9.

[21] 朱四海. 低碳经济发展模式与中国的选择. 发展研究，2009（5）：10-14.

[22] 沈月，赵海月. 学习马克思物质变换理论　营造绿色消费环境. 消费经济，2013，6（29）：63-67.

[23] M E Portter，C Van Der Linde. Toward a new conception of the environment - competitiveness relationship. Journal of Economics perspect，1995(9)：97-118.

[24] 人民日报评论员. 打造美丽中国的“制度屏障”——四论深入推进生态文明建设. 人民日报，2015-05-09（03）.

[25] 张瑞，秦书生. 我国推行绿色消费的困境及应对策略. 理论导刊，2013(7)：83-85.

[26] 郑方云. 发展新型消费业态　倡导绿色消费模式. 中国商贸，2011（Z1）：54-55.

[27] 管克江，邓圩. “互联网+”推动消费电子创新. 人民日报，2015-04-28(21).

[28] 李通屏，倪琳. 扩大内需政策的实际操作与体系重构. 改革，2010（1）：32-38.

[29] 高倩，王远，贺晟晨. 绿色消费研究进展及政策分析. 生态经济，2008(10)：57-59，63.

[30] 成慧，王观，王浩. 2015 年，新常态下百姓消费底气从哪来. 就业与保障，2015（Z1）：30-31.

[31] Alberto Alesina，Rafael Di Tella，Robert MacCulloch. Inequality and happiness：are Europeans and Americans different？Journal of Public Economics，2004（88）：2009-2042.

[32] Chan R Y K. Determinants of Chinese consumer's Green purchase behavior. Journal of Environmental Psychology，1999（19）：145-157.

[33] 人民日报评论员. 凝聚中国社会的“生态共识”——三论深入推进生态文明建设. 人民日报，2015-05-08（02）.

[34] 刘伯雅. 我国发展绿色消费存在的问题及对策分析——基于绿色消费模型的视角. 当代经济科学，2009（1）：115-119.

[35] 崔文婷. 绿色消费动力机制模型研究. 天津：天津大学，2010.

第3章 我国消费模式现状评价

党的十七大提出建设生态文明，基本形成节约能源资源和保护生态环境的产业结构、增长方式、消费模式。当前，我国正处于第三次消费转型升级的关键时期。面对资源约束趋紧、环境污染严重、生态系统退化的严峻形势，如何更系统评价我国绿色消费发展状况，研究和分析全国和各地区之间绿色消费的时空差异与动态演化规律，对于促进我国绿色消费更好更快地发展具有重要意义。绿色消费发展指数的测度是绿色消费评价的重要内容。已有的相关文献对绿色消费的评价一般都是通过构建一个综合的评价指标体系来实现的，虽然国外没有比较成熟的绿色消费评价指标体系，但20世纪90年代以来，联合国可持续发展委员会（UNCSD）、经济合作与发展组织（OECD）、世界银行、世界资源研究所、欧洲环境组织以及瑞士、英国、澳大利亚、德国等国家建立的可持续消费指标体系对于我国绿色消费发展与评价具有重要的参考价值。国内方面，“十七大”之后学术界对建立在生态文明基础上的绿色消费的评价研究渐渐兴起。按照适用对象的不同，较有代表性的绿色消费评价指标体系归纳为三个层面：城市（镇）、省域范围（或省级比较）以及国家层面。总体来看，以上评价指标体系为绿色消费发展和评价提供了参考依据，并在引导绿色消费不断发展上发挥了积极的作用。然而，现有的对中国绿色消费评价的研究有三个方面需要改进的：第一，有的指标体系由于缺少科学性和封闭性，对绿色消费发展的认识产生了偏差；有的指标体系缺少可操作性的评价指标而未能展开实际运用。

第二，指标权重结构的确定大多采用主观赋值的方法，并未考虑数据自身的特征。第三，对绿色消费发展状态的全国和各地较长时期的全面测度、区域差异及动态演化的成果也相对较少。以上不利于我国绿色消费的自我判断与未来建设导向的准确把握。发展生态文明的关键是在尊重自然、顺应自然、保护自然的生态文明理念下，把绿色消费建设放在突出地位。基于此，本书拟立足国情国力，在借鉴国内外代表性的可持续发展、生态文明、可持续消费评价指标体系研究成果的基础上，结合绿色消费的具体特征，从五个维度构建我国绿色消费发展指数评价指标体系，对2003—2012年中国及各省区绿色消费发展指数依据主成分分析法进行测度，然后运用空间自相关分析方法对中国省域绿色消费的时空关联和演变趋势进行实证分析，以此来探寻影响中国绿色消费区域差异变化的空间机制。

3.1　绿色消费发展指数的测度方法

3.1.1　主成分分析法

权重反映了评价事物内部诸因素重要程度的差异。主成分分析法根据数据自身的特征来确定权重结构，因而可以很好地避免指标之间的高相关性和权重确定的主观性。再者，该方法能够获得构成绿色消费发展各个维度的量化结果，所形成的权重结构可以充分反映绿色消费发展各个维度内各个基础指标对于形成总指数的贡献大小，进而使得绿色消费发展指数的测度分析具有了相对于层次分析法、熵值法、因子分析法等其他分析方法的科学性。基于此，本书采用主成分分析法确定各指标在维度指数中的权重以合成维度指数，采用同样的方法合成总指数对2003—2012年中国及各省区的绿色消费发展状态进行量化评价。

3.1.2 空间自相关性分析

3.1.2.1 全局空间自相关

表示全域空间自相关常用 Moran's I，即：

$$I = \frac{\sum_{i}^{n}\sum_{j\neq i}^{n} w_{ij}\left(X_i - \overline{X}\right)\left(X_j - \overline{X}\right)}{S^2 \sum_{i}^{n}\sum_{j\neq i}^{n} w_{ij}}$$

式中，n 是样本区域数，$S^2 = \frac{1}{n}\sum_{i=1}^{n}\left(X_i - \overline{X}\right)^2$，$X_i$、$X_j$ 分别为区域 i、j 的属性值，$\overline{X}$ 是所有属性值的平均，w_{ij} 是空间权重矩阵。计算出 Moran's I 后，需对其进行显著性的统计检验，一般采用 Z 检验法：

$$Z(I) = \frac{I - E(I)}{\sqrt{\mathrm{Var}(I)}}$$

3.1.2.2 局部空间自相关分析

本书选择 Moran 散点图对我国的绿色消费发展指数进行局部空间自相关分析。通过 Moran's I 测算，可以得到 Moran 散点图，该图常被用来反映某一区域与周边地区之间的扩散或极化作用。其中，横坐标为 z_i；纵坐标为 z_j 的加权平均（$\sum w_{ij}{}'Z_j$），也称空间滞后值。出现的 4 种类型的局部空间关系为：

$$
\begin{cases}
Z_i>0, \sum w_{ij}{}'Z_j>0(+,+)，\text{第一象限，高高集聚(HH)} \\
Z_i>0, \sum w_{ij}{}'Z_j>0(-,+)，\text{第二象限，低高集聚(LH)} \\
Z_i>0, \sum w_{ij}{}'Z_j<0(-,-)，\text{第三象限，低低集聚(LL)} \\
Z_i>0, \sum w_{ij}{}'Z_j<0(+,-)，\text{第四象限，高低集聚(HL)}
\end{cases}
$$

在 Moran 散点图中，高高集聚区，表明中心省绿色消费发展指数值高且相邻省也高，在空间关联中体现出扩散效应；低低集聚区，表明中心省和相邻省的绿色消费发展指数均低，属于低速增长区；落入这两个象限的省域在地理空间上存在显著的正的空间自相关性。低高集聚区，表明中心省绿色消费发展指数值低邻接高，在空间关联中属于过渡区；高低集聚区，表明中心省绿色消费发展指数值高邻接低，在空间关联中体现出极化效应。落入这两个象限的省域在地理空间上存在显著的负的空间自相关性。

3.2　绿色消费发展指数的构建及其权重的确定

3.2.1　绿色消费发展指数的构建

绿色消费模式应包含以下几方面的特征：消费水平适度；消费结构合理；消费方式健康、绿色和低碳；消费规模增长；消费环境和谐。以上也是绿色消费发展较好的主要表现状态。由此，本书所构建的绿色消费发展指数包括了上述 5 个维度，并选取了 21 个具体的评价基础指标构建了如下指标体系。

消费水平适度是决定绿色消费发展指数大小的基础要素，即绿色消费是在适度的消费水平的基础上逐步建立的。当前，我国既要保持消费水平与物质生产、绿色生产的发展水平相适应，又要促进生活空间宜居适度。因为宜居适度体现了人与自然之间和谐发展、共存共荣的进步状态，是生态文明核心思想的直观体现。因此，该维度选择城镇居民消费水平、农村居民消费水平、城镇居民人均住宅建筑面积、农村居民人均住房面积 4 个基础指标构成。绿色消费注重通过提高精神生活水平来获得幸福感。随着社会的进步和经济的发展，消费者应将消费与人的全面发展有机结合起来，注重物质消费和精神消费的和谐统一。据此，消费结构合理由城镇居民恩格尔系数、农村居民恩格尔系数、城镇居民人均消费支出中文教娱乐支出比重 3 个基础指标组成。消费方式健康是决定绿色消费发展指数提升的重要保证。发展绿色消费，需要消费活动以环保节能为前提，使自然资源得到节约集约利用，并减少对生态环境的影响。因此，消费方式健康维度包括城市公共交通客运总量、城市天然气用气人口、人均生活用水量 3 个基础指标。绿色消费追求物质财富的增长和公众福祉的提高。当前，虽然我国的社会消费品零售总额逐年递增，但是居民消费仅占 GDP 的 36%，低于全球 60%的平均水平。旅游业是典型的绿色产业、生态产业、低碳产业，是建设美丽中国的战略性支柱产业，旅游产业符合绿色消费发展的诉求，其发展状况既可反映旅游消费规模，又可反映物质生产、生态生产的发展水平。由此，社会消费品零售总额、居民消费占 GDP 比重、旅游收入在 GDP 中的比例是揭示消费规模增长维度的基础指标。消费环境包括自然环境与社会环境两方面。国家级森林公园个数、建成区绿化覆盖率、省会城市 API 指数优良天数、全省重点城市集中饮用水水源地水质达标率、城市生活垃圾无害化处理率是描述自然环境和谐维度的基础指标。森林资源能够美化消费环境。建城区绿化率是描述绿地资源禀赋的主要指标。考虑到各省份、自治区的城市较多，相对于其他城市，省会城市是政治、经济和交通中心，更具有代表性，故城区环境空气状况均以省会城市 API 指数优良天数为统计指标。相对农村，我国城市水体污染、土体污染、空气污染较为严重，这将危及消费品的质量和消费者的身体健康。工业部门和居民部门是城市面源污染的主要来源。其中，居民部门治理面源污染的主要途径是提高城市集中式饮用水水源地水质达标率和城市生活垃圾无害化处理率。社会环境是指消费者在消费时面临的各种社会因素。较高的收入水平是绿色消费的经济基石，居民收入的增加，不仅影响着消费支出而且影响着居民消费结构。我国互联网普及率正不断提高，通过互联网提供信息服务可使人们可以在家中消费，这体现了信息技术在降低物质消耗、保护生态环境方面的巨大潜力。当前，我国正处于城镇化中期阶段，城镇化一般表现为人口和经济的集聚，与人口城镇化进程相伴的是居民消费水平的提高，也激化了社会经济发展与生态环境之间的矛盾。城市规模越大，所承载的人口越多，自然资源利用的强度越高。因此，发展绿色消费是实现城镇化可持续发展的重要内容。故将城市化水平这一指标纳入评价体系之中。

3.2.2　数据来源与指标处理

本书所采用的指标数据主要来自 2003—2013 年的《中国统计年鉴》《中国环境统计年鉴》《中国能源统计年鉴》《国民经济和社会发展统计公报》《各地区统计年鉴》《各地区水资源公报》《各地区环境状况公报》以及中国林业网的国家级森林公园名录，考虑到数据的可得性以及与同类研究的可比性，本书选择以 2003 年作为基年，中国台湾以及香港、澳门不包括在本研究范围之内。个别指标项缺失的数据运用类推法或插值法进行估算。

由于各基础指标之间具有不可公度性，使得我们需要进行数据的变换与处理。其一，绿色消费发展指数的各基础指标属性分为正指标、逆指标和适度指标 3 种。为了使所有指标对绿色消费发展指数的作用力同趋势化，本书对所有逆指标均采取倒数形式。其二，绿色消费的各项基础指标分别具有不同的量纲和数量级，若不对原始指标进行无量纲化处理，则会造成主成分过分偏重于具有较大方差或数量级的指标。考虑到经过均值化方法处理的各指标数据构成的协方差矩阵既可以反映原始数据中各指标变异程度上的差异，也包含各指标相互影响程度差异的信息。因此，本书选择均值化方法对各指标数值进行无量纲化处理，并以基础指标的协方差矩阵作为主成分分析的输入，以保留各指标在离散程度上的特性，避免低估或夸大指标的相对离散程度。

3.2.3　基础指标与维度指数的权重确定

本书采用第一主成分来确定各基础指标的权数，运用 STATA1 1.0 进行基于协方差的主成分分析，将第一主成分中各基础指标的系数作为各基础指标相应的权数，由此求得各维度指数，再以同样的方法计算各维度指数的权重。表 3.1 列出了测度绿色消费发展指数的各基础指标及维度指数的权重。由表 3.1 可见，消费方式健康在第一主成分指数中的权重最高，为 0.646 8，这意味着 2003—2012 年中国绿色消费的变化更多地体现在消费方式健康这一维度上。消费规模增长在绿色消费发展指数中的权重居第 2 位，说明这一个维度对绿色消费发展的贡献仅次于消费方式健康。消费环境和谐与消费水平适度在绿色消费发展指数中的权重相似，分别为 0.419 2 和 0.392 6，说明这两个维度对绿色消费发展指数中的贡献大小基本相当。

表 3.1　绿色消费发展指数测度的指标构成和权重

总指数	维度指数及权重	基础指标	基础指标权重	单位	指标属性
绿色消费发展指数	消费水平适度 0.392 6	城镇居民消费水平	0.539 7	元	正指标
		农村居民消费水平	0.773 3	元	正指标
		城镇居民人均住宅建筑面积	0.117 8	m^2/人	正指标
		农村居民人均住房面积	0.311 2	m^2/人	正指标
	消费结构合理 0.033 5	城镇居民恩格尔系数	0.365 4	%	逆指标
		农村居民恩格尔系数	0.434 1	%	逆指标
		城镇居民人均消费支出中文教娱乐支出比重	0.823 5	%	正指标

总指数	维度指数及权重	基础指标	基础指标权重	单位	指标属性
绿色消费发展指数	消费方式健康 0.646 8	城市公共交通客运总量	0.617 9	万人次	正指标
		城市天然气用气人口	0.781 4	万人	正指标
		人均生活用水量	−0.087 4	m³/人	逆指标
	消费规模增长 0.500 7	社会消费品零售总额	0.996 7	亿元	正指标
		居民消费占 GDP 比重	−0.043 2	%	正指标
		旅游收入在 GDP 中的比例	0.069 1	%	正指标
	消费环境和谐 0.419 2	国家级森林公园个数	0.036 8	个	正指标
		建成区绿化覆盖率	0.114 8	%	正指标
		全省重点城市集中饮用水水源地水质达标率	0.026 6	%	正指标
		城市生活垃圾无害化处理率	0.266 1	%	正指标
		省会城市 API 指数优良天数	−0.030 0	天	正指标
		城镇居民人均可支配收入	0.462 6	元	正指标
		互联网普及率	0.796 9	%	正指标
		城市化率	0.253 0	%	适度指标

3.3 2003—2012 年中国绿色消费发展指数的测度分析

在获得基础指标权重并求得各维度指数值的基础上，本书采用主成分分析法获得各维度指数的权重并以此合成绿色消费发展指数值，得出表 3.2 所示的测度结果。

表 3.2　2003—2012 年中国绿色消费发展指数及其构成

年份	全国绿色消费发展指数	维度指数				
		消费水平适度	消费结构合理	消费方式健康	消费规模增长	消费环境和谐
2003	1.530	0.418	1.574	1.086	1.100	0.583
2004	1.725	0.486	1.537	1.162	1.190	0.728
2005	1.984	0.612	1.642	1.260	1.309	0.896

年份	全国绿色消费发展指数	维度指数				
		消费水平适度	消费结构合理	消费方式健康	消费规模增长	消费环境和谐
2006	2.166	0.712	1.689	1.373	1.423	0.956
2007	2.558	0.842	1.670	1.683	1.576	1.171
2008	3.009	1.027	1.682	2.025	1.747	1.403
2009	3.351	1.189	1.588	2.291	1.882	1.552
2010	3.798	1.406	1.592	2.577	2.095	1.760
2011	4.271	1.646	1.598	2.818	2.422	1.950
2012	4.702	1.887	1.660	3.061	2.675	2.119
均值	2.909	1.023	1.623	1.934	1.742	1.312

结果表明，中国绿色消费发展指数处于1.530～4.702，整体呈现逐年递增趋势。以2003年为基期，特别自2008年以后，绿色消费发展指数全部高于均值2.909，至2012年该指数达到4.702，为2003年的3.073倍。数据表明我国在绿色消费领域加快了系统探索，消费水平增加迅速，结构逐步改善，规模持续扩大，环境日渐优化，并处于逐步提高的过程之中。这与2007年党的十七大提出建设生态文明的任务，2011年党的十八大把生态文明建设纳入中国特色社会主义事业五位一体总体布局，明确提出大力推进生态文明建设，2012年十八届三中全会提出全面推进生态文明建设的系列部署的巨大的推动作用密不可分，政策意义与实施效果凸显。

当然，我们在看到中国绿色消费发展指数不断上升的同时，还需注意5个维度指数的变化。总体上看，除了消费结构合理维度外，其他4个维度的指数均呈现稳定上升态势，对绿色消费有显著的拉动作用。结合表3.1和表3.2，具体分析如下：

绿色消费发展指数提高主要体现在消费方式健康维度。该维度指数稳定上升态势明显。具体来看，城市天然气用气人口的增加对绿色消费发展指数的贡献最大，这主要得益于2004年我国“西气东输”工程全线贯通并运营，方便了城市居民清洁、高效的能源品种的使用，生活用能条件正逐渐扭转以低效煤炭为主的能源消费习惯，带动了各地城市用气人口的稳步增加。城市公共交通客运总量指标对绿色消费发展指数的贡献次之。虽然我国各地城市公共交通客运总量在逐年增加，并在 2006 年 1 月国家发改委等六部联合发文为小排量汽车全面解禁，要求“不得以缓解交通拥堵等为由，专门对节能环保型小排量汽车采取交通管理限制措施”。但是，我国环保形势日益严峻，一些地区以臭氧、灰霾污染为特征的复合型污染日益突出，机动车尾气排放是造成空气污染的重要原因之一。以北京为例，地面交通的公交出行率仅 44%，低于巴黎和伦敦 70%左右的水平，这使得北京成为一个拥堵和汽车尾气污染之城。基于此，我国还应大力发展公共交通，以利于抑制石油消费的过快增长和能源结构调整，促进环境保护，改善空气质量。另外，还应当看到人均生活用水量对绿色消费发展指数提高的重要性，因为这一因素在过去 10 年的绿色消费发展中的贡献是负向的。自 2003 年以来，我国各地不少省份的生活用水呈持续增加态势，水资源的稀缺性更加突出，我国节水型社会建设还任重道远。

消费规模增长是绿色消费发展指数提高的关键因素。该维度指数呈现稳定上升态势。具体来讲，人均社会消费品零售额持续走高对绿色消费发展指数起到显著的拉动作用。然而，旅游收入在 GDP 中的比例对绿色消费发展指数的贡献较弱，居民消费占 GDP 比重与总体绿色消费发展的变化关系则是反向的。因此，从长期来看，要提高绿色消费发展状况，需要进一步紧密围绕消费规模进行机制设计，出台有效措施，扩大居民消费，大力发展生态旅游为代表的现代服务业，为绿色消费提供有力支撑，实现居民消费占 GDP 比重、旅游收入在 GDP 中的比例的持续高速增长。

在消费环境和谐维度中，绿色消费发展指数提高受到互联网普及率、城镇居民年人均可支配收入这两个指标变化的影响。值得注意的是，尽管我国网民数量增长迅速，但与互联网发达国家冰岛、美国等差距很大，如何使互联网为基础的信息消费成为扩大绿色消费的新动力是我国经济发展的迫切议题。同时，一个国家或地区只有保持居民收入增长与经济发展协调，人们才能消费、敢消费和绿色消费。另外，我国在自然环境方面则存在以下问题，如全省重点城市集中式饮用水水源地水质达标率的贡献偏小，这表明，虽然我国近年来开展了饮用水水源地安全保障达标建设，各省重点城市集中式饮用水水源地水质达标率上升，但还要继续深入推进水源地规范化建设，确保重要城市和重点地区供水安全和水生态安全。省会城市 API 指数优良天数与绿色消费发展的变化关系则是反向的，这主要是因为受到可吸入颗粒物超标、城市汽车尾气密集的影响。自然环境方面的问题说明随着我国经济社会事业迅速发展，一方面，绿色消费的安全隐患不断凸显；另一方面，广大人民群众生态文明观念也越来越强，对良好自然环境的追求也越来越高。对此，我们应坚持以人民的绿色消费需要为本，清醒认识保护自然环境、治理环境污染的紧迫性和艰巨性，多管齐下地保护和美化自然环境。

消费水平适度也是促使绿色消费发展指数提高的一个因素，该维度指数也呈现稳定上升态势。这主要得益于我国城镇居民消费水平、农村居民消费水平不断提高、我国的人均居住面积逐渐增加，特别是近 5 年来，我国落实房地产市场调控和住房保障工作，解决发展中存在的突出问题，全国城乡居民的住房严重短缺基本解决，住房条件有所改善。

消费结构合理对绿色消费发展指数的贡献是最小的，该维度指数值仅呈小幅波动提高趋势。2006 年和 2008 年分别为两个波峰值 1.689 和 1.682，2004 年为波谷值 1.537，2009—2012 年的维度指数值缓步上升。在基础数据分析时，我们注意到，维度指数值的走势主要受两方面影响，一是我国城镇居民的恩格尔系数呈现为在起伏中下降的趋势；二是体现发展与享受需求的城镇居民文教娱乐消费支出的比重不高，这说明人们在满足生存必需的物质基础的同时，还需注重精神生活的构建。

3.4　生态文明消费指数差异：区域比较

3.4.1　区域绿色消费发展指数的测算

为了进一步把握和比对我国各地区绿色消费发展状况，依据前文测度全国绿色消费发展指数的指标体系，采用各省区 2003—2012 年的基础数据对中国各地区绿色消费发展指数进行测算。与全国总体发展指数的测度方法相同，对指标体系中的所有逆指标采取倒数形式使其正向化，并运用均值化方法对原始数据进行无量纲化处理，然后依据主成分分析法求得各地区的绿色消费发展指数值。根据通用的区域划分方法，本书以东部、中部和西部三大经济区域作为研究单元：东部包括北京、天津、河北、辽宁、上海、江苏、浙江、福建、山东、广东和海南；中部包括山西、吉林、黑龙江、安徽、江西、河南、湖北和湖南；西部包括广西、重庆、四川、贵州、云南、陕西、甘肃、青海、宁夏、新疆、内蒙古和西藏。各省区 2003—2012 年中国绿色消费发展指数值如表 3.3 所示。

表 3.3　2003—2012 年全国各区域、省域绿色消费发展指数

地区	2003年	2004年	2005年	2006年	2007年	2008年	2009年	2010年	2011年	2012年	年均值	排名
北京	3.680	4.269	4.735	4.917	5.480	6.241	6.798	7.428	7.869	8.316	5.973	1
天津	2.023	2.230	2.434	2.682	3.025	3.483	3.686	3.960	4.332	4.745	3.260	9
河北	1.243	1.451	1.669	1.936	2.350	3.022	3.454	3.991	4.532	4.997	2.865	13
辽宁	2.887	3.022	3.303	3.575	3.941	4.408	4.758	5.353	5.868	6.311	4.343	7
上海	3.234	3.613	4.053	4.411	5.008	5.532	5.929	6.759	7.608	8.058	5.420	3
江苏	2.230	2.556	3.201	3.799	4.459	5.154	5.895	6.823	7.899	8.771	5.079	4
浙江	2.241	2.524	2.935	3.358	3.953	4.547	5.120	5.698	6.375	6.914	4.366	6

地区	2003年	2004年	2005年	2006年	2007年	2008年	2009年	2010年	2011年	2012年	年均值	排名
福建	1.596	1.719	1.950	2.145	2.556	3.053	3.496	3.962	4.431	4.813	2.972	12
山东	1.986	2.353	2.925	3.534	4.139	5.032	5.786	6.617	7.440	8.317	4.813	5
广东	2.543	2.853	3.621	3.245	5.095	6.608	6.897	7.512	8.741	9.710	5.683	2
海南	0.926	1.014	1.092	1.236	1.371	2.008	1.720	1.947	2.249	2.504	1.607	26
东部平均	2.235	2.510	2.902	3.167	3.762	4.462	4.867	5.459	6.122	6.678	4.216	
山西	0.832	0.993	1.180	1.392	1.753	2.209	2.562	2.962	3.393	3.773	2.105	20
吉林	1.292	1.409	1.512	1.652	1.899	2.129	2.502	2.834	3.228	3.544	2.200	19
黑龙江	1.152	1.332	1.515	1.630	1.866	2.345	2.913	3.273	3.620	3.908	2.355	18
安徽	1.097	1.315	1.544	1.752	2.120	2.469	2.872	3.321	3.897	4.364	2.475	17
江西	1.027	1.135	1.294	1.440	1.711	1.918	2.130	2.467	2.896	3.223	1.924	24
河南	1.528	1.864	2.142	2.348	2.660	3.160	3.661	4.231	4.781	5.358	3.173	11
湖北	1.614	1.732	2.220	2.348	2.761	3.257	3.786	4.237	4.850	5.432	3.224	10
湖南	1.301	1.581	1.835	1.974	2.347	2.661	3.062	3.565	4.006	4.493	2.683	15
中部平均	1.230	1.420	1.655	1.817	2.140	2.518	2.936	3.361	3.834	4.262	2.517	
广西	1.042	1.198	1.346	1.441	1.716	1.975	2.275	2.560	2.855	3.199	1.961	23
重庆	1.597	1.788	2.011	2.195	2.599	2.990	3.237	3.700	4.013	4.439	2.857	14
四川	2.435	2.657	2.949	3.040	3.372	3.689	4.182	4.662	5.262	5.857	3.811	8
贵州	0.794	0.871	1.020	1.132	1.286	1.479	1.656	1.903	2.133	2.394	1.467	27
云南	0.929	1.057	1.192	1.202	1.425	1.658	1.934	2.205	2.426	2.723	1.675	25
陕西	1.285	1.506	1.732	1.928	2.189	2.568	2.882	3.331	3.742	4.111	2.527	16
甘肃	0.804	0.909	0.982	1.099	1.237	1.439	1.686	1.912	2.161	2.406	1.464	28
青海	0.813	0.870	0.999	1.107	1.296	1.562	1.644	1.817	2.077	2.300	1.448	29
宁夏	0.703	0.771	0.877	0.985	1.122	1.372	1.551	1.836	2.064	2.330	1.361	30
新疆	1.088	1.230	1.348	1.492	1.797	2.171	2.294	2.680	2.969	3.292	2.036	21
内蒙古	0.858	0.976	1.165	1.412	1.741	1.990	2.293	2.752	3.125	3.511	1.982	22
西藏	0.658	0.679	0.713	0.737	1.033	1.138	1.231	1.437	1.548	1.658	1.083	31
西部平均	1.084	1.209	1.361	1.481	1.735	2.003	2.239	2.566	2.865	3.185	1.973	

从区域层面看，东部地区、中部地区和西部地区2003—2012年绿色消费发展指数的均值依次为4.216、2.517和1.973，东部指数值分别高出中部的67%，西部的114%。说明东部地区绿色消费建设已取得了较好的成效。从省级层面看，2003年以来各省（市、区）的绿色消费发展指数均得到了快速提高。2012年，山西、山东、内蒙古、河北的绿色消费发展指数为2003年的4倍以上，体现了其在提升消费水平，变革消费方式，调整消费结构、促进消费环境建设等方面的成效。与此同时，中国其余20多个省区绿色消费发展指数较2003年也都有了2～3倍的增长，呈现出了不断上升的积极态势。但也可以发现，各省（市、区）之间的绿色消费发展指数存在较大差异。从2003—2012年绿色消费发展指数均值的排名来看，居于前10的省份是北京、广东、上海、江苏、山东、浙江、辽宁、四川、天津、湖北。这些省份中东部地区省份8个，中部省份1个，西部省份1个，即东部省份发展指数值明显较高，且大部分处于排名的前列；在上述11年间，以绿色消费发展指数排名前3的北京、广东、上海为例，这些地区绿色消费发展指数的稳步提高主要是由于其消费水平适度、消费结构合理、消费方式绿色、消费规模增长、消费环境在全国领先。在基础数据分析时，我们注意到，在以上3个地区的比较中，上海具备消费水平较高的优势，但人口、经济和城市功能的聚集使得绿色消费发展与资源环境的矛盾更为突出，具体表现为城市生活垃圾无害化处理率略占下风，这在一定程度上影响了其绿色消费发展指数值的大小，上海需进一步提高城市生活垃圾无害化处理率，循环利用可再生利用的城市生活“矿产”。排名第11～20的是河南、福建、河北、重庆、湖南、陕西、安徽、黑龙江、吉林、山西，上述省份中东部省份2个，中部省份6个，西部省份2个，中部省份居多，这说明中部省份积极发挥承东启西的战略支点作用，在携手推进绿色消费5个维度的协调稳定发展取得了一定的成效。排名第21～31位的是新疆、内蒙古、广西、江西、云南、海南、贵州、甘肃、青海、宁夏、西藏，其中东部省份 1 个，中部省份 1 个，西部省份 9 个。东部地区的海南省的绿色消费发展指数值在东部排名最后，处于全国第 26 位，主要原因是该省的省区规模小，带动力较弱，消费水平适度等各维度指数都较小。江西省的绿色消费发展指数排在中部省份的最后，处于全国第 24 位，通过分析可以看出，其主要原因在于消费方式健康指数中的城市公共交通客运总量与城市天然气用气人口两项指标评价值偏后，消费规模增长指数中社会消费品零售总额不高，消费环境和谐指数的互联网普及率偏低等。西部经济欠发达地区在 11 年间绿色消费发展指数总体排名靠后，这说明西部地区经济发展相对落后，再加上这些年西部山区地震、泥石流等自然灾害频发，产生了较突出的因灾致贫、因灾返贫的问题，使得它们各维度指数的绝对水平明显落后于高指数地区，绿色消费需要下大力促进发展。

简而言之，全国绿色消费发展得到促进的同时，各地区绿色消费发展的区域差异较为明显。在考察的 11 年时间内，中国绿色消费发展指数从东部到中部再到西部呈现由高到低逐渐递减的格局。同时，各地区绿色消费的空间分布表现出一定的空间集聚的特征，绿色消费发展指数较高的省区集聚于东部经济发达地区，绿色消费发展指数较低的省区则集中于西部经济欠发达地区。因此有必要利用空间相关性的分析方法对中国绿色消费的区域空间差异时空格局演化规律进行探讨。

3.4.2 区域绿色消费差异的空间分析

3.4.2.1 全局空间自相关测度

本书运用 GeoDa 软件对 2003—2012 年中国各省份绿色消费发展指数的全局 Moran' s *I* 指数进行计算，并对其显著性进行了检验，所得结果反映在表 3.4 中。可以看出，各年份中的 Moran' s *I* 值均显著为正，且在 0.05 的显著性水平上通过了 Z 统计检验，这表明中国绿色消费均存在着显著的全局空间自相关性，主要表现为空间集聚效应。进一步观察还可以发现，Moran' s I 指数呈波动上升趋势，说明随着时间的演进，中国绿色消费发展指数相似的地区在空间上呈现出在波动中不断增强的集聚现象。

表 3.4　2003—2012 年中国区域绿色消费的 Moran' s I 检验

年份	2003	2004	2005	2006	2007	2008	2009	2010	2011	2012
Moran' s I	0.172	0.186	0.197	0.280	0.255	0.248	0.266	0.282	0.292	0.296
Z 值	1.939	1.944	1.979	2.862	2.411	2.488	2.640	2.631	2.828	2.790

3.4.2.2　Moran' s I 散点图分析

为了直观地描绘各个地区局部空间相关性的类型及其空间分布，选择 2003 年、2005 年、2007 年、2010 年和 2012 年 5 个典型年份，绘制中国区域绿色消费发展指数的 Moran' s I 散点图，并将其结果汇总成动态变化表的形式，以了解判断每个象限具体的省（市、区）的变化，如表 3.5 所示。

表 3.5　2003—2012 年中国省域绿色消费发展指数的 Moran' s I 散点图动态变化

年份	高高	低高	低低	高低
2003	浙江、山东、北京、天津、福建、上海、江苏	吉林、安徽、江西、河北	云南、新疆、西藏、山西、陕西、青海、宁夏、内蒙古、湖南、黑龙江、海南、贵州、广西、甘肃	四川、辽宁、湖北、河南、重庆、广东
2005	浙江、山东、北京、天津、上海、江苏	吉林、安徽、河北、福建	云南、新疆、西藏、山西、陕西、青海、宁夏、内蒙古、湖南、黑龙江、海南、贵州、广西、甘肃、江西	四川、辽宁、湖北、河南、重庆、广东

年份	高高	低高	低低	高低
2007	浙江、山东、河南、北京、天津、上海、江苏	安徽、河北、福建	云南、新疆、西藏、山西、陕西、青海、宁夏、内蒙古、吉林、湖南、黑龙江、海南、贵州、广西、甘肃、江西	四川、辽宁、湖北、重庆、广东
2010	浙江、山东、河南、北京、天津、福建、上海、江苏、河北	安徽、江西	云南、新疆、西藏、山西、陕西、青海、宁夏、内蒙古、吉林、湖南、黑龙江、海南、贵州、广西、甘肃、重庆	四川、辽宁、湖北、广东
2012	浙江、山东、河南、北京、天津、福建、上海、江苏、河北	安徽、江西、湖南、广西	云南、新疆、西藏、山西、陕西、青海、宁夏、内蒙古、吉林、黑龙江、海南、贵州、甘肃、重庆	四川、辽宁、湖北、广东

注：限于篇幅，结合中国生态文明发展的阶段特征，本表只列出了 2003 年、2005 年 2007 年、2010 年和 2012 年的评价结果。鉴于 2003 国家批准了第八批生态示范区建设试点，2005 年国务院发布《关于做好建设节约型社会近期重点工作的通知》。2007 年“十七大”召开，2010 年，以“生态文明、绿色崛起”为主题的第四届中国生态文化论坛举行。2012 年十八届三中全会提出全面推进生态文明建设。下文将基于这 5 个时间节点进行典型分析。

结果显示，大多数省份表现为在地理空间上显著的正的空间自相关性（高高集聚区和低低集聚区），5 个时期中国 31 个省域中分别有 67.7%、67.7%、74.2%、80.6%和 74.2%的平均 72.9%左右的区域显示正向空间关联，空间集聚的显著性表现为波动变化的态势，说明中国区域绿色消费存在较显著的空间溢出效应，绿色消费分布的“两极化”空间特征明显。同时，低高集聚区和高低集聚区为数不多，即发展出现差异性的省市不多。

（1）高高集聚区。高高集聚区主要集中在东部沿海地区，其中浙江、山东、北京、天津、上海、江苏 6 个省份长期位于高高集聚区，该类地区经济都比较发达，省区间经济联系密切，消费方式、消费规模相互影响等溢出效应作用明显，从而绿色消费发展指数得以不断提升，是我国绿色消费的核心增长极，并有向周围扩散的趋势。

（2）低高集聚区。低高集聚区主要分布在中部和东部地区的少数省份中，其中安徽长期位于低高集聚区。随着“东向战略”的实施，安徽可充分发挥自身公共交通便利、国家级森林公园为代表的绿色旅游资源较丰富等优势，加快绿色消费的提升。从长远来看，其发展前景较好。此外，河北省除了自身在扩张城市天然气用气人口，扩大消费规模和营造良好的自然与社会环境上加大力度外，还充分利用邻近绿色消费发展指数高的北京、天津、山东等省市的有力的“被扩散”的区位优势，逐步缩小了与周边地区的空间差异，实现了从低高集聚区到高高集聚区的跃迁。而吉林省因受到绿色消费发展较快地区的影响较小，则发生了由低高到低低集聚区的位移。

（3）低低集聚区。中国西部、中部地区的大部分省区主要位于低低集聚区，占到全国省份总数的近 50%，分布格局也基本稳定。其中，尽管陕西省的经济发展处于全国前列，但是陕西较低的城市公共交通客运总量对其绿色消费产生了不良的影响，亟须推动消费方式向健康、绿色和低碳型的转变。中部地区山西省近年来在促进绿色消费建设方面取得了长足的进步，正逐渐形成一个地处内陆的新增长极。西部地区的云南、新疆、西藏、青海、宁夏、内蒙古、贵州、甘肃等省区，东部的海南省，虽然在消费的自然环境上有优势，但就总体水平而言，由于经济本底较差、消费水平不高、消费规模偏小，城市生活垃圾综合处理工艺技术水平相对落后，导致这些省一直处于较低的绿色消费状态。而江西、湖南、广西近年来受外界因素影响发生了由低低到低高集聚区的空间位移。

（4）高低集聚区。四川、辽宁、湖北、广东一直排在高低集聚区。其中，广东作为中国东部的先进省份，其绿色消费发展取得了较大的成效，但由于缺乏区域合作机制，该省绿色消费较快的发展并没有相应带动周围地区的发展，而是呈现出一定的极化作用。另外，河南注重利用承东启西、连南通北的全国交通枢纽的区位优势，与周围地区携手打造包括绿色旅游在内的现代服务业，在空间关联中体现为极化效应到扩散效应的转变，发生了从高低集聚区到高高集聚区的跃迁。

本书构建了涵盖消费水平适度、消费结构合理、消费方式健康、消费规模增长、消费环境和谐 5 个维度的绿色消费发展指数评价指标体系，采用主成分分析法确定了各指标的权重，对 2003—2012 年中国及各省区绿色消费发展指数进行了测度。然后运用空间自相关方法对我国绿色消费的演化格局进行了实证分析。本章的研究表明，全国绿色消费发展指数处于 1.530～4.702，整体呈现稳步上升的趋势。消费方式健康、消费规模增长、消费环境和谐、消费水平适度、消费结构合理对绿色消费发展指数的提高具有正向作用，但贡献大小依次降低。近年来中国各省市区绿色消费发展指数都获得了一定程度的提高，绿色消费发展指数及变动幅度在不同区域、省域之间，存在较大差异。从区域层面看，东部、中部和西部地区 2003—2012 年绿色消费发展指数的均值依次为 4.216、2.517 和 1.973，绿色消费发展指数呈现由从东部到中部再到西部逐渐递减的状态。从省级层面看，东部绿色消费发展指数较高的省份呈现出一定的集聚，西部地区绿色消费发展指数较低的省区也是连片分布。从全局空间自相关来看，2003—2012 年中国各省份绿色消费发展指数的全局 Moran' s I 值均显著为正，表明各地的绿色消费发展存在不断增强的空间集聚效应。由 Moran' s I 散点图分析可知，72.9%左右的省份表现为在地理空间上显著的空间正相关（高高和低低集聚分布为主），绿色消费分布的“两极化”空间特征明显。以湖北为例的消费模式现状分析将在下章展开。

参考文献

[1] 李天星. 国内外可持续发展指标体系研究进展. 生态环境学报，2013，22（6）：1085-1092.

[2] Seyfang G. Sustainable Consumption，the New Economics and Community Currencies：Developing New Institutions for Environmental Governance. Regional Studies. 2006，40（7）：781-791.

[3] Seyfang G. Community Action for Sustainable Housing：Building a Low-Carbon Future. Energy Policy，2010，38（12）：7624-7633.

[4] 吴凤章. 生态文明构建：理论与实践. 北京：中央编译出版社，2008：121-124.

[5] 关琰珠，郑建华，庄世坚. 生态文明指标体系研究. 中国发展，2007，7（2）：21-27.

[6] 李祝平. 湖南城镇居民可持续消费评估分析. 长沙理工大学学报：社会科学版，2012，27（3）：79-84.

[7] 高珊，黄贤金. 基于绩效评价的区域生态文明指标体系构建——以江苏省为例. 经济地理，2010，30（5）：823-828.

[8] 肖军，文启湘，王贵森. 陕西省生态消费模式发展状况评价与对策研究. 消费经济，2012，28（3）：12-15.

[9] 倪琳，陈军，李梦琴. 湖北省生态消费模式发展状况评价研究. 中国国土资源经济，2014，27（2）：55-60.

[10] 周梅华. 可持续消费测度中的熵权法及其实证研究. 系统工程理论与实践，2003，23（12）：25-31.

[11] 杜延军. 可持续性消费评价指标体系及综合评价模型. 生态经济，2013（8）：73-76.

[12] 梁文森. 生态文明指标体系问题. 经济学家，2009（3）：102-103.

[13] 路琪，石艳. 生态文明视角下旅游投资效益评估体系的构建. 宏观经济研究，2013（7）：39-48，111.

[14] 张欢，成金华，陈军，等. 中国省域生态文明建设差异分析. 中国人口·资源与环境，2014，24（6）：22-29.

[15] 周平，王黎明. 中国居民最终需求的碳排放测算. 统计研究，2011，28（7）：71-78.

[16] 钞小静，惠康. 中国经济增长质量的测度. 数量经济技术经济研究，2009（6）：75-86.

[17] 张馨，牛叔文，赵春升，等. 中国城市化进程中的居民家庭能源消费及碳排放研究. 中国软科学，2011（9）：65-75.

第4章

省域消费模式现状分析

——以湖北省为例

湖北省地处我国的中部，正处于大力实施“建成支点，走在前列”的发展战略期和重点抓住国家依托长江打造中国经济新支撑带的机遇期。湖北在绿色消费模式建设方面进行了有益的探索，也取得了实质性的进展，但湖北当前民众的绿色消费水平有待进一步提升，要实现生态文明的目标仍然任重道远。本书拟立足湖北省的省情省力，构建绿色消费模式的评价指标体系，基于熵权法综合评价湖北省绿色消费模式发展状况，揭示湖北省绿色消费模式的运行规律和发展趋势，分析存在的主要问题，既能对以往湖北经济的研究做一些补充，也能对湖北绿色消费发展政策的制定提供有价值的参考。

4.1 湖北省绿色消费模式现状评价

绿色消费模式状况评价是绿色消费模式建设中的重要环节。目前，指标体系综合评价法受到一些研究者的青睐。但是，目前该方法的应用存在以下不足：第一，评价指标体系在子系统之间的协调性、指标选择的合理性、权重赋值的客观性、指标分值计算的科学性等方面还有不足；第二，指标体系综合评价法对省域绿色消费模式的研究也欠缺。针对以上不足，为揭示绿色消费的内在规律，有必要加强权重赋值的客观性、完善评价指标体系，以便更科学全面地判断绿色消费模式发展状况，并结合问题形成的机制提出具体建议来加快绿色消费模式建设进程。为了促进权重的更合理分配，在评价系统中，本书采用客观赋值法中的熵权法确定权重。在使用过程中，熵权法先利用信息熵计算出各指标权重，再对所有指标进行加权，其评价结果主要依据客观资料，相对于专家调查法、循环打分法等主观赋值法，可从根本上解决人为赋权的各种弊病，从而使评价结果更为科学公正。

4.1.1 绿色消费模式评价指标体系构建及指标权重的确定

4.1.1.1 湖北绿色消费模式评价指标体系的构建

依据绿色消费模式的内涵，绿色消费模式是消费主体在经济发展、社会和谐、资源能源节约、生态建设、环境友好理念下消费关系和行为规范的综合体现。因此，其评价指标体系应该是层次指标体系，既能使湖北省绿色消费模式发展状况能够应用统一的计量尺度计算出来；又能引导人们消费与经济、社会、资源、生态、环境等方面均衡协调发展，可作为对人们绿色消费行为进行价值判断的理论概括。

本书以科学发展观为指导，确定湖北省绿色消费模式评价指标体系框架由可持续消费、经济发展与社会和谐、资源能源节约、生态建设与环境友好 4 个一级指标构成。其中，可持续消费主要反映消费中生活质量的改变状况；经济发展与社会和谐主要是衡量湖北绿色消费与经济社会的相互影响，而发展绿色消费模式正是为了促进经济社会的不断进步，努力走出一条生活富裕、生产发展、生态良好的文明发展道路；资源能源节约主要衡量人们对现有资源能源的消费和节约状况；生态建设与环境友好主要衡量人们在消费过程中对生态环境的保护与治理效果。然后将以上一级指标根据其属性分解成具体的二级指标，并用可测量的三级指标加以描述，从而形成了一个完整和具有内在联系的层次指标体系。为了较好地测度湖北绿色消费模式的发展程度，二级指标要从不同侧面、不同角度反映绿色消费的特征值；三级指标的选择必须既有代表性又便于测度。本书结合国家、湖北省统计部门或相关职能部门公布的定量指标，遵循科学性、系统性、真实性、公平性、全面性、可比性的原则，运用频度统计法、理论分析法等，选取了 63 个指标共同构成了湖北省绿色消费模式的评价指标体系。

4.1.1.2　绿色消费模式评价指标体系权重的确定

熵权法的具体分析步骤如下：

1．原始数据的无量纲化处理

为了消除量纲和量纲单位不同所带来的不可公度性，需要先对评价指标进行无量纲化处理，使其成为可用的实际评价值。设绿色消费模式有 m 个待评项目，n 个评价指标，则第 i 项目第 j 项指标值即为 r_{ij}（i=1，2，…，m；j=1，2，…，n）。

对于正指标，其处理公式为：$r'_{ij}=\dfrac{r_{ij}-\{r_{i\min}\}}{\{r_{i\max}\}-\{r_{i\min}\}}$；对于负指标，其处理公式为：$r'_{ij}=\dfrac{\{r_{i\max}\}-r_{ij}}{\{r_{i\max}\}-\{r_{i\min}\}}$。

经过无量纲化处理的指标 $r'_{ij}\in[0,1]$，它们将组成规范化矩阵。

$$R:R=\begin{bmatrix} r'_{11} & \cdots & r'_{1n} \\ \vdots & \ddots & \vdots \\ r'_{m1} & \cdots & r'_{mn} \end{bmatrix}$$

2．定义评价指标的熵

第 j 个评价指标的熵 e_j 为：$e_j=-k\sum_{i=1}^{m}f_{ij}\ln f_{ij}$，$j$=1，2，…，$n$

其中：k =1/ln$m$，$f_{ij}=\dfrac{r'_{ij}}{\sum_{i=1}^{m}r'_{ij}}$，并假设 f_{ij} =0 时，$f_{ij}\ln f_{ij}$=0，并选择

$k>0$，$0\leqslant e_j\leqslant 1$。

3．评价指标的熵权

在（m，n）评价问题中，第 j 个指标的熵权 w_j 为：

$$w_j=\frac{1-e_j}{n-\sum_{j=1}^{n}e_j}$$

再根据熵的可加性，利用下层层级指标的权值，按比例来确定对应的上层层级指标的权重数值。本研究的主要数据来源于历年《中国统计年鉴》《湖北统计年鉴》《中国城市建设统计年报》《中国环境统计年鉴》《湖北省水资源公报》《湖北省环境状况公报》，城镇与农村居民基尼系数直接引用田卫民的研究成果。在收集 2000—2012 年湖北省各项具体指标数据的基础上，将数据无量纲化处理后，根据熵权法的计算步骤，湖北绿色消费模式评价指标体系各类指标的相应权值计算结果如表 4.1 所示。

表 4.1　湖北省绿色消费模式各类评价指标的权重

<table>
<tr><td rowspan="10">绿色消费指标
0.132 091</td><td rowspan="5">消费水平
0.568 641</td><td>城镇居民人均消费支出</td><td>0.213 193</td></tr>
<tr><td>农民居民人均生活消费支出</td><td>0.245 588</td></tr>
<tr><td>人均社会消费品零售额</td><td>0.279 615</td></tr>
<tr><td>城镇居民人均住房建筑面积</td><td>0.093 542</td></tr>
<tr><td>农村居民人均住房面积</td><td>0.168 062</td></tr>
<tr><td rowspan="5">消费结构
0.431 359</td><td>城镇居民恩格尔系数</td><td>0.108 205</td></tr>
<tr><td>农村居民恩格尔系数</td><td>0.250 961</td></tr>
<tr><td>城镇居民人均消费支出中家庭设备及服务消费比重</td><td>0.257 823</td></tr>
<tr><td>农村居民人均消费支出中家庭设备及服务消费比重</td><td>0.177 687</td></tr>
<tr><td>城镇居民人均消费支出中教育服务娱乐支出比重</td><td>0.205 325</td></tr>
</table>

经济发展与社会和谐指标 0.501 052	经济发展 0.288 628	人均 GDP	0.148 591
		城镇居民人均可支配收入	0.113 514
		农村居民人均纯收入	0.146 033
		城乡居民人均储蓄存款余额	0.115 758
		居民消费占 GDP 比重	0.098 635
		居民消费价格指数	0.072 668
		第三产业增加值占 GDP 比重	0.070 319
		城市轨道交通	0.174 056
		每万人拥有公共汽（电）车辆	0.060 426
	人口状况 0.136 021	人口自然增长率	0.169 691
		人口密度	0.263 117
		城市化水平	0.259 285
		每万人口中大学生的人数	0.127 737
		学龄儿童净入学率	0.180 170
	消费文化 0.248 393	文教支出占财政支出的比重	0.099 826
		省级绿色社区个数	0.208 785
		省生态文明教育基地个数	0.563 224
		省级绿色学校个数	0.128 165
	社会保障 0.103 706	城镇登记失业率	0.510 956
		每千人口中医生数	0.272 139
		社会保障和就业占财政支出的比重	0.216 905
	社会公平 0.128 280	城镇居民收入基尼系数	0.245 902
		农村居民收入基尼系数	0.289 022
		城乡居民收入差距倍数	0.104 278
		高低收入家庭收入差距倍数	0.360 798
	科技进步 0.094 972	国内三种专利申请授权数	0.616 722
		高新技术产业产值占工业总产值比重	0.107 109
		科学研究与实验发展（R&D）经费支出占 GDP 比重	0.276 169

资源能源节约指标 0.205 760	资源禀赋 0.567 133	人均水资源量	0.081 963
		人均耕地面积	0.240 060
		森林覆盖率	0.484 980
		活立木蓄积量	0.192 997
	资源能源利用 0.432 867	万元 GDP（当年价）用水量	0.137 956
		生活用水总量	0.103 901
		单位 GDP 能耗	0.059 767
		能源消费弹性系数	0.063 205
		能源消费增长速度	0.176 774
		人均生活能源消费量	0.190 420
		城市燃气普及率	0.125 618
		农村清洁能源普及率	0.142 358
生态建设与环境友好指标 0.161 097	生态建设 0.117 417	自然保护区个数	0.637 349
		自然保护区面积占省辖面积的比例	0.362 651
	环境友好 0.882 583	每亩耕地施用化肥（折纯量）	0.036 177
		城市人均公共绿地面积	0.054 101
		建成区绿化覆盖率	0.068 162
		生活垃圾清运量	0.101 589
		生活垃圾无害化处理率	0.036 914
		全省监测水源地年水质达标率	0.127 428
		城市污水日处理能力	0.068 004
		污水处理率	0.143 648
		全省重点城市空气质量为优良天数的平均百分率	0.091 404
		全省生态环境状况指数（EQI）	0.143 393
		环境污染治理投资总额占国内 GDP 比重	0.129 180

4.1.2 湖北省绿色消费模式发展状况评价结果的分析

将无量纲化处理后的数据值与各类指标权重值进行计算合成，得出 2000—2012 年湖北省绿色消费模式发展状况评价结果（见表 4.2），从表 4.2 可以看出，湖北省绿色消费模式发展状况总体趋好。

为反映湖北绿色消费模式建设各个方面的具体情况，本书将再对各一级指标进行简要地评价分析。

表 4.2　2000—2012 年湖北省绿色消费模式一级指标及综合评定指标结果

年份	可持续消费	经济发展与社会和谐	资源能源节约	生态建设与环境友好	综合评定
2000	0.187 7	0.285 1	0.258 7	0.191 7	0.251 7
2001	0.235 6	0.258 3	0.207 2	0.158 0	0.228 6
2002	0.305 9	0.201 4	0.234 8	0.172 4	0.217 4
2003	0.250 1	0.199 9	0.233 6	0.200 7	0.213 6
2004	0.243 7	0.223 6	0.399 5	0.366 1	0.285 4
2005	0.308 1	0.211 8	0.422 6	0.542 8	0.321 3
2006	0.370 4	0.264 9	0.409 4	0.560 4	0.356 2
2007	0.424 6	0.316 3	0.440 2	0.634 5	0.407 4
2008	0.441 7	0.358 6	0.444 3	0.731 3	0.447 2
2009	0.552 8	0.392 2	0.604 4	0.800 7	0.522 9
2010	0.624 3	0.535 7	0.622 9	0.779 3	0.604 6
2011	0.743 4	0.669 8	0.636 8	0.889 1	0.708 1
2012	0.829 3	0.820 0	0.811 2	0.868 2	0.827 2

4.1.2.1　绿色消费方面指标

湖北省绿色消费指标呈逐年上涨趋势。全省呈现出民生改善、结构优化的良好态势。从评价指标的具体情况来看，在消费水平方面，城镇居民人均消费支出、农村生活人均消费支出不断提高，人均社会消费品零售额稳步增长，但不同渠道表现“冰火两重天”，一些大型百货商店销售继续出现负增长，网上销售增速较快。近年来，湖北网络零售消费增速达到社会消费品零售总额增速的近 6 倍，一派热火朝天的景象。伴随网络消费的持续高需求，电子商务也异军突起，全省电子商务交易额已位列全国第 8、中部第 1。以“互联网”为核心特征的网络消费极大冲击了传统的商贸模式，亮点纷呈，增长迅猛，消费方式已经更多地从“线下”转到“线上”。特别是近5年，湖北省落实政府保障责任，解决发展中存在的突出问题，全省城乡居民的住房条件改善明显。

熵权法计算得出的消费结构方面指标呈波动上升趋势，主要是因为湖北省城镇居民的恩格尔系数呈波动上升趋势，居民食品消费支出减少较明显；经过多年的消费积累，居民的与家庭设备及服务相关的日用消费品的新增消费量不大；还应注意的是体现发展与享受需求的城镇居民文教娱乐消费支出的比重不高，2000 年为13.07%，直到2012年也只有11.4%，说明居民精神消费比重不高。因此，应将消费与人的全面发展有机结合起来，保证生存型消费，鼓励发展型消费，适当发展享受型消费，促进物质消费与精神消费的平衡，从而最终降低对环境资源的依赖和破坏。

4.1.2.2 经济发展与社会和谐方面指标

湖北省经济发展与社会和谐指标呈先下降后上涨趋势。从评价指标的具体情况来看，在经济发展方面，人均GDP、城镇居民人均可支配收入、农村居民人均纯收入、居民人均储蓄存款都逐年增加，农村居民收入的增幅继续领先于城市居民。由于较高的收入水平是消费水平适度的重要条件，所以，只有继续保持收入稳步增加，人们才能消费、敢消费和绿色消费。价格是引导绿色消费的重要因素，近 5 年来，湖北省的通胀压力持续存在，再加上我国现行的价格不能反映资源能源的稀缺程度和对环境的影响，它所带来的后果是资源能源在一定程度上被加剧浪费，价格因素制约了绿色消费模式的普及。现有产业结构是绿色消费模式建设的出发点。虽然湖北省的产业结构在不断优化，但目前产业结构性矛盾仍比较突出，第三产业增加值占GDP比重近5年来不仅低于全国平均水平还连续下降。因此，要进一步优化产业结构。轨道交通系统和公共交通等基础设施是城市生态、低碳发展的重要标准，尽管湖北省城市轨道交通保持强劲发展势头，并在全国率先启动“十城千辆”电动汽车示范工程，但湖北省城市公共交通设施状况仅处在全国的平均水平。绿色消费以基础设施为依托。由此，湖北应着力为城乡消费环境生态化创造条件。

人口是影响绿色消费模式的一个重要因素。熵权法计算得出的湖北省的人口状况指标整体逐年趋好，人口整体素质也不断提高。消费文化对于培育消费模式具有重要的先导作用。虽然经熵权法计算得出的湖北省消费文化指标自 2003 年以来逐年趋好，但由于居民节约、环保、生态意识的淡薄，绿色消费观念在全社会尚未牢固树立，所以，应以生态文明教育基地为重要抓手，大力倡导绿色消费文化。同时，利用电视、广播、报纸、网络、教育长廊等有效载体，向广大消费者普及绿色消费知识。湖北省的社会保障水平评价较低。乔为国等的研究也发现，当经济发展到一定程度时，居民收入差距在一定的范围内变化不会影响消费倾向的变化，但超过一定范围后，随着收入差距变大，消费倾向变低。过大的居民收入差距是造成近年来消费倾向变低的重要原因。数据表明，湖北在社会公平方面先恶化后有所改善，但是当前整体未达到 21 世纪初的状况。

由于城市化的结构效应和保障效应不明显，城市化增强了交易的可获得性、交通的方便性，但没有提升居民信息的可获得性，城镇居民收入基尼系数、城乡居民的收入差距倍数还在不断扩大，该现状证明了代内不公平在逐步升温，这种状况有违绿色消费要求的公平性。因此，湖北应改革收入分配制度，扩大中等收入者比重，增加低收入劳动者收入，促进共同富裕。要实施绿色消费模式，同样需要用科学技术作为坚实后盾。进入 21 世纪，湖北坚持科技引领，国内三种专利申请授权数、科学研究与实验发展（R&D）经费支出占 GDP 比例、高新技术产业产值占工业总产值比重都持续提高，这为湖北消费模式向绿色化方向发展提供了良好科技环境。

4.1.2.3 资源能源节约方面指标

资源能源节约指标在 2000—2003 年呈下降趋势，然后自 2004 年开始缓慢上升。从评价指标的具体情况来看：在资源禀赋方面，湖北省的资源相对不足，人均占有量低，全省人均水资源低于全国平均水平，水资源的稀缺性更加突出，缺水问题较严重地困扰着湖北的绿色消费，湖北节水型社会建设还任重道远。湖北的耕地资源也匮乏。另外，湖北“缺煤、少油、乏气”矛盾依然突出。

湖北在资源能源利用方面先退步再改善。湖北大力推进节能降耗工作，单位 GDP 能耗与万元 GDP（当年价）用水量保持下降态势，城市燃气普及率和农村清洁能源普及率正逐年提高，这主要得益于“西气东输”工程全线贯通并运营，方便了城市居民使用清洁、高效的能源品种，生活用能条件正逐渐扭转以低效煤炭为主的能源消费习惯，带动了湖北各地区城市燃气普及率的稳步增加。在农村，生活节能新技术和新产品大力推广，农村能源服务体系已基本形成。但因为人均生活能源消费量和生活用水总量明显上升，煤炭仍然是终端能源消费中的主体，新能源比重较弱，所以，从总体来看，湖北对资源能源的消费量仍然较大。面对当前的资源禀赋状况，如果消费模式不向生态化方向转变，将会进一步造成资源能源问题的代际不公平。

4.1.2.4 生态建设与环境友好方面指标

生态建设与环境友好指标在 2000—2002 年有一定程度的下降，之后整体上是不断上升的。从评价指标的具体情况来看：生态建设指标在 2000—2002 年有所下降后又稳步提升。特别是 2000—2002 年，自然保护区面积占省辖面积的比例有所下降，生态总体恶化的趋势尚未根本扭转，这是由于森林采伐仍在继续，保护与发展的矛盾在湖北某些地方和企业仍然存在。此后几年，森林资源被发现具有和谐发展价值、特别是科学发展价值，湖北逐渐步入了保护与发展协调并进的科学发展轨道，自然保护区面积占省辖面积的比例有所好转，全省自然保护区数量也随之增加。

从熵权法计算得出的环境友好指标方面看，人们的消费模式对环境的保护程度在不断加强。污水集中处理率的提高表明湖北各地区正着力确保着各地区的供水安全和水生态安全。但同时，我们也应该清醒地认识到：湖北省的环境形势依然十分严峻，新的环境问题在陆续出现，一是每亩①耕地施用化肥，该指标自 2000 年起升至 2009 年的最高值后下降，这表明湖北各地化肥过量使用局面是在 2009 年后才得以较好控制；二是城市人均公共绿地面积直到 2007 年才有所增加；三是全省重点城市空气质量为优良天数的平均百分率、全省生态环境状况指数近 3 年总体略微变差，甚至部分城市出现雾霾天气。应坚持以人民的绿色需要为本，清醒认识保护自然环境、治理环境污染的紧迫性和艰巨性，普及绿色消费模式，多管齐下，保护和美化自然环境。

4.2 湖北省现代服务业投资环境竞争力评价

湖北绿色消费的发展离不开现代服务业。湖北在现代服务业投资环境建设方面进行了有益的探索，但现代服务业投资环境竞争力有待进一步提升。因此，需要运用科学合理的评价指标体系和评价方法客观评价湖北省现代服务业投资环境竞争力，找出差距和问题，从而可为湖北现代服务业投资环境建设进行科学规划、定量考核和具体实施提供舆论导向与参考依据，也对促进湖北绿色消费的发展具有一定的理论与现实意义。

对现代服务业投资环境较有代表性的研究成果：郑伟民等构建了福建设区市现代服务业投资环境的综合评价指标体系，应用主成

① 1 亩=666.67 m^2。

分分析法进行聚类分析，再依据分析结果提出了福建设区市现代服务业投资环境的优化思路。贾玉巧分析了现代服务业投资环境的特点、特殊要求、构成要素及其影响，力求获得具体、通用的现代服务行业投资环境评价因素。也有一些学者针对我国现代服务业所涉及的具体行业进行了研究：金英笋比较了中韩两国金融、保险业的投资环境的差别，佘松涛等运用 TOPSIS 决策法建立决策矩阵分析了金融环境对于投资吸引能力的大小。在房地产行业，陈俊华等以西部典型城市攀枝花市为例证进行了多层次综合评估模型分析，结果发现攀枝花市房地产投资环境高于四川省的整体平均水平。陈基纯等以我国 35 个大中城市为研究对象，应用主成分分析和聚类分析相结合的方法对其房地产投资环境状况进行深入分析，结果显示：我国大中城市房地产投资环境地区差异明显。周勇等将投影寻踪动态聚类模型引入房地产投资环境评价方法中，并通过辽宁省工业地产投资环境评价实例验证了该模型在房地产投资环境评价中的适用性。文连台就提升文化创业投资环境的具体措施进行了研究。另外，在旅游行业，佘国强等指出旅游投资环境分析方法应该是针对具体地区、具体项目进行的具体分析，然后根据具体项目构建了长沙市旅游投资项目投资环境评价指标体系，并运用因子分析法、德尔菲法和 AHP（层次分析法）进行了相关评价。吴晓春等将多指标综合评价方法和层次分析法结合对陕西省10个地市的旅游业投资环境进行了评价，也提出了改善旅游投资环境的建议。郭伟等运用可拓工程方法与主成分分析方法，构建了河北省旅游投资环境的综合评判物元模型，评判得出了河北省各市旅游投资环境强弱 5 个不同等级和 11 个城市旅游投资环境的综合排序。

综上所述，已有的文献在引导我国各地现代服务业投资环境的不断发展和深入上发挥了积极的作用，但也存在以下不足：一是评价对象多为城市，以整个省份作为单位进行评价的文献较少，对湖北省现代服务业投资环境竞争力评价的文献更少；二是针对现代服务业所涉及的具体行业的投资环境进行研究的文章较多，但对现代服务业进行整体评价研究的较少；三是忽视了基于旋转因子载荷矩阵设置相应标准对初选指标体系的筛选。鉴于以上分析，为了侧重于揭示影响现代服务业发展的投资环境因素，本书构建了中国省域现代服务业投资环境竞争力评价指标体系，运用因子分析法客观评价湖北省现代服务业投资环境竞争力在全国及中部各省的状况，并比较分析湖北省与发达城市和地区之间的差距及存在的问题，进一步地结合问题形成的机制提出提升湖北现代服务业投资环境竞争力的政策建议。

4.2.1　评价指标体系设计

通过对已有文献的梳理，本书以科学发展观为指导，遵循系统性、客观性、比较性等原则，按照投资环境竞争力评价的具体要求，结合国家、湖北省统计部门或相关职能部门公布的定量指标，确定中国省域现代服务业投资环境竞争力评价指标体系由 20 个指标构成，见表 4.3。

表 4.3　中国省域现代服务业投资环境竞争力评价指标体系

目标层	指标层	指标名称
中国省域现代服务业投资环境竞争力评价指标体系	X_1	人均 GDP
	X_2	地区生产总值增长率
	X_3	城镇居民人均消费支出
	X_4	农村居民人均消费支出
	X_5	第三产业地区生产总值
	X_6	现代服务业固定资产投资额
	X_7	现代服务业增加值
	X_8	城镇单位现代服务业从业人数
	X_9	（人均）金融业增加值
	X_{10}	（人均）房地产业增加值

<table>
<tr><td rowspan="10">中国省域现代服务业投资环境竞争力评价指标体系</td><td>X_{11}</td><td>现代服务业产值占全国 GDP 的比重</td></tr>
<tr><td>X_{12}</td><td>现代服务业产值占全省 GDP 的比重</td></tr>
<tr><td>X_{13}</td><td>教育财政支出占 GDP 比重</td></tr>
<tr><td>X_{14}</td><td>城市化率</td></tr>
<tr><td>X_{15}</td><td>每十万人口中在校学生数</td></tr>
<tr><td>X_{16}</td><td>现代服务业城镇单位就业人数占全省服务业就业总人数的比重</td></tr>
<tr><td>X_{17}</td><td>科学技术财政支出占 GDP 比重</td></tr>
<tr><td>X_{18}</td><td>工业化率</td></tr>
<tr><td>X_{19}</td><td>技术市场成交额</td></tr>
<tr><td>X_{20}</td><td>三种专利授权数</td></tr>
</table>

4.2.2 实证分析

4.2.2.1 判断数据是否适合作因子分析

本书的数据来源于《中国统计年鉴 2014》及各省统计年鉴，为了消除评价指标量纲差异对因子分析的影响，本书将原始数据进行 Z 标准化处理，其处理公式为：

$$Z_i = \frac{X_i - \overline{X}}{S_i}$$

式中：X_i 为原数据，$\overline{X}$、S_i 分别为数据的均值和标准差。

标准化后各指标均值为 0，方差为 1。然后将样本的各个指标输入 SPSS16.0 软件进行 KMO 与 Bartlett 检验。如表 4.4 所示，KMO 检验值为 0.721，大于 0.7 这一临界值，且 Bartlett 球度检验结果通过了显著性检验，说明所选取的样本指标适合做因子分析。

表 4.4　KMO 值及 Bartlett 球度检验表

KMO 值	Bartlett's 球度检验		
0.721	近似卡方值	自由度	显著性水平
	1 175.575	190	0.000

4.2.2.2　提出 3 个公因子

借助于 SPSS 软件进行公因子标准分析，按照特征值大于 1 的原则，从 20 个变量中提取 4 个公因子，4 个因子所对应的特征值与累计方差贡献率如表 4.5 所示，数据表明这 4 个公因子能够代表原始变量的绝大部分信息，可充分反映中国省域现代服务业投资环境竞争力概况。利用所选数据作的公因子碎石图可以看出（见图 4.1），提取前 4 个公因子时，特征值变化十分显著，而提取第 4 个以上的公因子时，特征值的变化很小，曲线平缓。由此也可以说明 4 个公因子的提取对原始变量信息的刻画有显著作用，而 4 个以上公因子的提取对原始变量信息的刻画无显著贡献，这与表 4.5 的输出结果所反映的情况相符，4 个公因子分别记为 F_1、F_2、F_3 和 F_4。

表 4.5　公因子特征值和方差贡献率

公因子	特征值	贡献率/%	累计贡献率/%
F_1	9.831	49.154	49.154
F_2	4.613	23.065	72.219
F_3	2.112	10.561	82.780
F_4	1.048	5.241	88.021

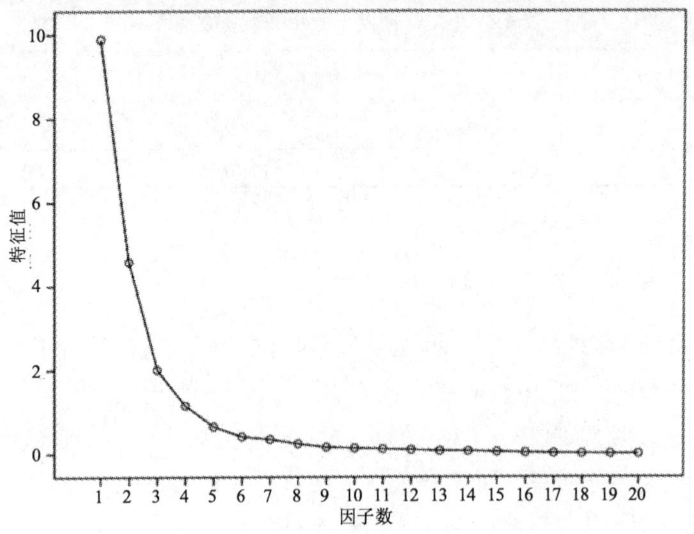

图 4.1 碎石图

4.2.2.3 因子旋转及因子解释

在对所提取的 4 个公因子建立载荷矩阵时，由于原始数据之间的相关系数较大，部分因子之间存在高度的正相关，为突出各公因子代表的变量，明确每个公因子的意义，以便于对每个因子载荷做出合理的解释，本书采用方差最大正交旋转方法对因子载荷进行旋转，从而得到正交旋转因子载荷矩阵（见表 4.6）。

表 4.6 正交旋转因子载荷矩阵

指标	公因子			
	F_1	F_2	F_3	F_4
X_1	0.889	0.123	0.259	0.093
X_2	0.844	0.384	0.112	0.193
X_3	0.843	0.329	0.139	0.296
X_4	0.842	0.249	0.053	0.355

指标	公因子			
	F_1	F_2	F_3	F_4
X_5	0.841	0.326	−0.105	−0.131
X_6	0.313	0.930	−0.027	0.115
X_7	0.314	0.930	−0.027	0.116
X_8	0.323	0.927	−0.024	0.112
X_9	0.084	0.918	0.138	0.260
X_{10}	−0.027	0.895	−0.273	0.137
X_{11}	0.200	0.839	0.022	0.465
X_{12}	0.363	0.810	−0.116	−0.095
X_{13}	−0.076	−0.511	0.786	−0.155
X_{14}	−0.148	−0.239	0.768	0.434
X_{15}	0.649	0.103	0.719	−0.057
X_{16}	0.391	0.296	0.702	0.283
X_{17}	−0.095	−0.134	0.146	−0.810
X_{18}	0.031	0.531	0.012	−0.747
X_{19}	−0.482	−0.005	−0.106	−0.658
X_{20}	−0.272	−0.423	0.443	−0.641

因子载荷矩阵中的每一个值代表原有变量与每个公因子的相关系数，绝对值越大，则公因子与原有变量的相关性越强。从表 4.6 可以看出：第 1 公因子在指标 X_1、X_2、X_3、X_4、X_5 有较大的载荷，主要反映现代服务业的经济基础、消费支出，因此命名为经济环境因子；第 2 公因子在指标 X_6、X_7、X_8、X_9、X_{10}、X_{11}、X_{12} 有较大的载荷，主要反映现代服务业的发展规模、发展潜力、对经济贡献度，因此命名为产业环境因子；第 3 公因子在指标 X_{13}、X_{14}、X_{15}、X_{16} 上有较大的载荷，主要包含了教育水平、人口结构、就业贡献度等方面对现代服务业的环境支撑，可以命名为社会文化环境因子；第 4 公因子在指标 X_{17}、X_{18}、X_{19}、X_{20} 上有较大的载荷，主要反映现代服务业的科技支撑状况，可以命名为科技环境因子。

4.2.2.4 公因子排序及综合得分

为了计算公因子得分，利用回归法将公因子对指标变量作线性回归，得到系数的最小二乘估计，即因子得分系数矩阵，根据该矩阵和原始变量的标准化值乘积，可计算出公因子的因子得分。计算公式为：

$$F_1=0.165X_1+0.118X_2+0.167X_3+0.146X_4-0.040X_5-0.003X_6-0.006X_7+0.121X_8+0.009X_9+0.156X_{10}-0.097X_{11}-0.037X_{12}-0.184X_{13}+0.204X_{14}+0.291X_{15}-0.132X_{16}+0.057X_{17}-0.040X_{18}+0.048X_{19}-0.108X_{20}$$

$$F_2=-0.061X_1+0.031X_2-0.012X_3-0.027X_4+0.190X_5+0.081X_6+0.009X_7-0.031X_8-0.029X_9-0.081X_{10}+0.197X_{11}+0.189X_{12}+0.233X_{13}-0.064X_{14}-0.039X_{15}+0.096X_{16}+0.150X_{17}+0.190X_{18}+0.027X_{19}-0.020X_{20}$$

$$F_3=-0.070X_1-0.079X_2-0.056X_3-0.028X_4+0.048X_5-0.072X_6+0.115X_7+0.105X_8-0.248X_9-0.070X_{10}+0.001X_{11}+0.047X_{12}+0.215X_{13}-0.042X_{14}-0.238X_{15}+0.364X_{16}-0.066X_{17}+0.048X_{18}+0.221X_{19}+0.032X_{20}$$

$$F_4=0.051X_1-0.456X_2-0.045X_3+0.027X_4-0.036X_5-0.336X_6-0.242X_7-0.042X_8+0.141X_9+0.117X_{10}+0.023X_{11}-0.040X_{12}+0.134X_{13}-0.078X_{14}-0.290X_{15}+0.225X_{16}-0.192X_{17}-0.036X_{18}-0.031X_{19}+0.095X_{20}$$

然后，以旋转后累计方差贡献表中各公因子对应的方差贡献率作为权重构造因子综合模型来计算各省的因子总得分，计算公式如下：

$$F=0.491\,5\,F_1+0.230\,7\,F_2+0.105\,6\,F_3+0.052\,4\,F_4$$

依据该公式，得出 31 个省（直辖市、自治区）的综合得分及排名如表 4.7 所示。

表 4.7　2013 年中国各省现代服务业投资环境竞争力评价结果

地区	公因子得分								总因子得分	
	F_1	排名	F_2	排名	F_3	排名	F_4	排名	F	排名
北京市	1.686	2	0.873	4	2.078	1	1.751	1	1.341	2
天津市	0.524	7	−0.158	16	−0.117	20	0.250	12	0.222	7
河北省	−0.215	15	−0.687	28	−0.360	28	0.301	10	−0.286	18
山西省	−0.590	25	−0.168	17	−0.220	24	−0.143	21	−0.359	23
内蒙古自治区	−0.616	26	−0.013	14	−0.025	17	0.286	11	−0.293	19
辽宁省	0.427	8	0.002	11	−0.352	27	0.061	15	0.176	8
吉林省	−0.201	14	−0.660	27	−0.068	19	−0.722	30	−0.296	20
黑龙江	−0.354	18	−0.009	13	−0.454	30	−0.068	18	−0.228	15
上海市	2.032	1	1.099	3	1.887	2	1.519	2	1.531	1
江苏省	0.643	6	1.987	1	0.119	10	0.656	3	0.821	4
浙江省	0.895	5	0.740	5	0.429	4	0.322	8	0.673	6
安徽省	−0.152	13	−0.490	25	−0.135	22	0.228	13	−0.190	13
福建省	0.110	11	0.144	9	−0.135	23	0.410	6	0.095	9
江西省	−0.564	24	−0.478	24	0.171	8	−0.074	20	−0.373	24
山东省	1.334	3	0.237	8	0.676	3	0.508	4	0.808	5
河南省	0.270	10	−0.470	23	−0.031	18	−0.070	19	0.017	10
湖北省	−0.350	17	0.102	10	0.134	9	0.378	7	−0.115	12
湖南省	−0.530	22	−0.005	12	0.017	14	−0.295	26	−0.275	17
广东省	1.129	4	1.560	2	0.061	11	0.420	5	0.943	3
广西壮族自治区	−0.550	23	−0.169	18	0.411	5	−2.139	31	−0.378	25
海南省	−0.501	20	−0.256	21	0.029	13	−0.268	25	−0.316	21
重庆市	0.065	12	−0.852	29	−0.345	26	−0.406	28	−0.222	14
四川省	0.360	9	−1.066	30	0.357	6	−0.021	17	−0.032	11
贵州省	−0.691	27	−0.207	20	0.012	15	−0.267	24	−0.400	27
云南省	−0.984	30	0.581	6	−0.319	25	0.081	14	−0.379	26
西藏自治区	−0.365	19	−1.206	31	−0.375	29	−0.177	22	−0.506	30
陕西省	−0.521	21	−0.025	15	−0.120	21	0.048	16	−0.272	16
甘肃省	−1.021	31	0.247	7	0.032	12	0.321	9	−0.425	29

地区	公因子得分								总因子得分	
	F_1	排名	F_2	排名	F_3	排名	F_4	排名	F	排名
青海省	−0.781	29	−0.633	26	0.340	7	−0.313	27	−0.510	31
宁夏回族自治区	−0.732	28	−0.178	19	−0.014	16	−0.196	23	−0.413	28
新疆维吾尔自治区	−0.341	16	−0.370	22	−0.685	31	−0.422	29	−0.347	22

4.2.3 评价结果分析

从表4.7的统计分析结果看，湖北省现代服务业投资环境竞争力在全国位居第12位，在中部6省中位于第2位。虽然湖北省现代服务业投资环境竞争力排名在全国处于中上地位，与中部6省相比稍有优势，但与上海、北京、广东相比，还有很大的差距。以下具体从各类公因子进行比较分析。

经济环境方面，湖北省在全国位居第17位，在中部6省中居第3位。生产决定消费，消费反过来对生产具有一定的反作用。绿色 消费是促进经济发展的实现途径，近年来湖北城乡居民逐渐提高的消费支出释放出了对现代服务业的巨大需求，使现代服务业保持了稳中有增的整体发展态势。

产业环境方面，湖北省在全国位居第10位，在中部6省中居第1位。尽管湖北现代服务业集群效应初现，但是湖北的金融、房地产等科技含量高、需求潜力巨大的现代服务业发展还不够充分。当前，发达国家的现代服务业在其整个服务业中的比重已达 50%以上。与国内发达省市相比，湖北省现代服务业增加值，现代服务业产值占全国 GDP 的比重、现代服务业产值占全省 GDP 的比重等反映现代服务业规模、结构方面的指标也有一定差距。究其原因，就在于湖北现代服务业固定资产投资额偏低，制约了现代服务业产业规模的扩大。因此，切实提高湖北现代服务业投资环境竞争力，激活引资与投资机制，仍可谓当务之急。

社会文化环境方面，湖北省在全国位居第 9 位，在中部 6 省中居第 2 位。现代服务业的发展也离不开社会文化环境的支撑。当前，湖北总人口中 45.5%在农村，农村的教育水平与人口素质相对落后，人才的欠缺已成为湖北现代服务业发展的“瓶颈”。因此，湖北省应立足教育人文优势，推进以人为核心的城镇化，加大文化资源开发力度，推动形成义务教育、就业服务等城镇基本公共服务覆盖全部常住人口，加快文化产业规模化、集约化发展步伐，切实改善社会文化环境，加大创业扶持力度，促进新型城镇化与现代服务业的融合发展，积极发挥湖北现代服务业吸纳城乡新增就业的潜力。

科技环境方面，湖北省在全国位居第 7 位，在中部 6 省中居第 1 位。2013 年，湖北通过开展现代服务业共性关键技术研究，技术市场成交额与三种专利授权数持续扩大，现代服务业科技支撑能力提高增强；湖北还探索建设了一批重点实验室、工程技术研究中心、综合研究机构和技术创新战略联盟，现代服务业科技创新环境明显改善，并对现代服务业的发展产生了积极影响。现代服务业是在工业化比较发达的阶段产生的，通过依托现代化的信息技术和管理理念发展起来的高技术含量、高附加值的服务业。当前，湖北省仍处于工业化中期阶段，湖北还应积极发挥科技的核心支撑和强力引擎作用，不断加强科技服务体系，助推现代服务业发展。

4.3　加快湖北省绿色消费模式建设的对策建议

通过对采用熵权法得出的测算结果进行分析，本书认为要加快建设湖北省绿色消费模式，应以采用系统论的观点，综合考虑四方面指标的协调均衡发展，使市场在资源配置中起决定性作用和更好发挥政府作用，加强全社会的通力协作。

4.3.1 消费者积极践行绿色消费模式

消费者应做到扩大消费与厉行节约的统一。衣着方面，不购买有害于生态环境的服饰；饮食方面，拒绝消费珍稀物种；住的方面，倡导住房面积适度，鼓励使用环保装修材料；用的方面，普及推广节水、节能产品和器具；交通方面，尽量选择公交绿色出行，减少使用私家车。同时，充分调动消费者积极开展创建绿色社区等实践活动，广泛开展环保志愿者行动等公益活动，以活动促进绿色消费模式的推广。

4.3.2 坚持基础设施建设先行

围绕“大交通”，集中力量加快推进综合、智慧、绿色、平安交通的发展，使出行更加集约、高效、便民、便利。并给予公共交通更多的路权，促进大容量快速公交系统覆盖城市，为城市居民消费方式绿色化创造条件。例如，积极打造鄂西圈内交通互连，加快形成襄阳、宜昌、荆门、荆州等交通枢纽城市的“水、陆、空”立体交通体系，扩大枢纽城市的辐射范围，用更加顺畅的流通“大动脉”带旺消费，支撑发展。围绕“大电力”，推进湖北电网合理布局。围绕“大城网”，综合推进城市环保、地下管网、燃气等设施配套，着力完善资源再生利用的信息交换和网络服务平台。积极推进城市基础设施的人性化、生态化建设，鼓励发展绿色、节能建筑，积极推广集传统园林特色和现代化技术于一体的智能化生态示范小区。健全城乡发展一体化体制机制，协调推进统筹城乡发展的各项基础设施配套工程，健全农村基础设施投入长效机制，扎实推进生态农居建设，加强农田饮水安全、农村清洁能源等基础设施建设，不断改善农村消费和生态环境。

4.3.3　完善引领绿色消费模式的政策体系

湖北作为一个内陆省份，在开放创新的理念上与沿海省份存在明显差距，各项政策制订较为滞后。政府是引导、激励绿色消费的核心力量，政府需要进一步完善引领绿色消费的政策体系，健全管理体系，建立绿色消费规划体系，具体包括：政府必须抓紧制定与绿色消费相关的法律法规，并促进绿色消费模式的政策体系和体制机制的建立。一是形成合理有序的收入分配格局。以增加收入为基础，夯实绿色消费能力。着力消除贫困，努力实现居民收入和经济发展同步，努力缩小城乡、区域、行业收入分配差距，形成合理有序的收入分配格局，提高劳动报酬在初次分配中的比重，健全资本、知识、技术、管理等由要素市场决定的报酬机制。城镇化发展对居民消费增长有促进作用，特别是城镇化发展对农村居民消费增长的累积效应大于对城镇居民消费的累积效应，并且正向拉动效应的持续时间更长也更稳定。因此，在采用城镇化战略促进农村居民消费增长扩大内需的政策选择上，应克服短期行为，采用长期的战略以保证农民收入增加，才能有效地促进农村居民的消费增长。还应完善以税收、社会保障、转移支付为主要手段的再分配调节机制，为消费者持续增收提供条件，加快提升绿色消费对湖北经济发展的贡献力。二是建立更加公平、可持续的社会保障制度，健全促进就业创业体制机制，深化医药卫生体制改革，改善居民消费预期。三是要善于运用价格政策。建立反映市场供求关系、资源稀缺程度、环境损害成本的生产要素和资源价格机制，健全居民用水、用气等阶梯价格制度，进一步约束消耗能源、影响生态环境的消费方式。继续实施节能产品惠民工程、新能源汽车补贴政策，对选用绿色产品的消费者加大补贴力度，使绿色产品的价格下降到普通市民可以接受的水平，从而扩大绿色消费规模。对企业来讲，应承担起更多的社会责任，需加大对绿色产品的研发技术投入而降低绿色产品价格。

四是要健全资源节约利用的体制机制，确保绿色消费的基本保障，着力完善资源再生利用的信息交换和网络服务平台，建立涵盖社区垃圾收集系统的废物管理信息交流渠道，推进生活垃圾资源化利用。

4.3.4 发展现代服务业产业体系

通过产业变迁间接使消费升级，促进湖北绿色消费模式的推行。要充分发挥现代服务业体系在推行绿色消费模式方面的积极作用，开展加快发展现代服务业行动，重点发展信息服务业、商务服务业、生态旅游业、现代物流业、文化创意产业等为代表的生产性服务业，开发应用好大数据这一基础性战略资源，着力通过改造、升级传统服务业来大幅提升生活性服务业的层次，加快生活性服务业的现代化，以适应市场消费热点的新趋势。并且，充分抓住“互联网+”的新机遇，全面整合各个产业的上中下游和消费资源，实现生产、生活、生态共赢，以适应市场消费热点的新趋势。

4.3.4.1 增强湖北现代服务业投资环境建设的新动力

1．实施现代服务业与新型城镇化的融合发展

新型城镇化为扩大消费提供了更大空间。为加快推进符合湖北实际、具有湖北特色的新型城镇化，首先，基础设施建设须先行，重点应投向城镇公共交通、水、电、气、热、生态环保等基础设施，以及现代服务业集聚区的公共基础设施。其次，各部门应抓紧制定教育、就业等方面的配套政策，完善法规，落实经费保障，完善社会保障制度，统筹基本公共服务均等化，不断扩大教育、就业等城镇基本公共服务覆盖面，加强新进城人员的职业技能培训，通过持续提升城镇综合服务能力，畅通资金流、人流、物流和信息流，以信息流引领技术流、资金流、人才流。最后，要以市场机制和政府调控为驱动力，发展以现代服务业为主导的城镇产业体系，充分发挥现代服务业在城镇建设、提供就业、产业协同和服务民生等方面的作用，特别要围绕满足人民群众需要发展现代服务业，通过发展现代服务业提高城镇产业体系品质，提高城镇人口素质和居民生活质量，进而全面提升城镇化的质量。

2．优化现代服务业的投融资环境

湖北应以市场为导向，加快投融资体制改革步伐，根据现代服务业不同阶段的投融资需求与特点，在投资领域引入竞争机制，拓宽融资渠道，探索投融资多元化方式：

第一，坚持财政专项资金和创业投资引导基金相结合的发展策略。湖北应该制定现代服务业发展指导目录，按照“整合存量，统筹增量”的原则，加大资金投入，重点支持现代服务业的关键领域、重点产业。例如，通过提供一定的减免税收、融资利率优惠、加大财政补贴等措施，提高绿色产品生产企业的积极性，避免其因为产品成本较高而转为推销非绿色产品。

第二，推进银行制度创新。探索科技贷款担保、科技保险、产权交易等新模式，加快开发适应现代服务企业需要的知识产权质押、股权质押、信用保险质押等贷款融资产品，为现代服务业发展提供坚实的资金支持。

第三，完善资本市场层次结构。积极支持符合条件的现代服务企业进入境内外资本市场融资，通过股票上市、发行企业债券等多渠道筹措资金。鼓励各类创业风险投资机构和信用担保机构对吸纳就业多、发展前景好以及运用新技术、发展新业态的现代服务企业开展业务。

第四，建设湖北科技金融综合服务平台。按照不同业态、不同成长阶段的现代服务业企业的不同融资需求，提供包括贷款担保、天使投资、投行券商业务等在内的差异化服务，促进科技与金融资本的对接，积极破解湖北现代服务业发展的投融资难题。

3．完善利于现代服务业发展的科技工作体系

鼓励湖北地方政府部门、科研机构、产业化基地、高等学校等

建立现代服务业科技工作管理机构，形成有利于现代服务业发展的科技工作体系。

第一，以深化行政审批制度改革为抓手，建立和完善长效管理机制，加强有利于现代服务业发展的政务环境建设。

第二，按照《现代服务业科技发展“十二五”专项规划》的要求，准确把握现代服务业科技发展方向，优化现代服务业科技创新环境，进一步提升科技对现代服务业的支撑和引领能力。具体包括：围绕生产性服务业共性需求及关键环节，加强网络信息技术集成应用，大力改造提升生产性服务业。加强网络化、个性化条件下服务技术研发与集成应用，显著提升科技培育发展新兴服务业的能力。

第三，加强与教育主管部门的合作，探索建立现代服务业学科体系，重点培养和引进一批湖北现代服务业重点领域急需的产业人才。一是积极落实《湖北省中长期人才发展规划纲要》（2010—2020年）的要求，加强对以现代服务业人才培养为目标的高等院校、职业学校等骨干学校和重点专业的投资，有计划地扩大招生规模。在有条件的高等院校，建立一批现代服务业科技人才培养基地，开展试点工作，探索高素质现代服务业创新人才培养的新路子。二是合理制订规划、支持地方和高新园区（产业化基地、大学科技园等）和高科技现代服务企业开展现代服务业科技人才培训。三是建立完善现代服务业科技专家库，为开展现代服务业人才培训提供支撑。四是深化开放交流，融入全球创新网络，推动现代服务业科技创新国际合作，大力推进海外高层次人才引进计划，统筹国内外两种创新资源，尤其应大力引进高层次、高技能具有创新能力、国际竞争力、通晓国际惯例、熟悉现代管理的高层次服务业人才。

第四，支持发展一批现代服务业领域的大学科技园、创业孵化中心、生产力促进中心等创新载体，加强公共支撑服务平台建设，为企业提供政策咨询、技术转移、投融资、人力资源、交流与培训、信息与宣传、知识产权等服务。另外，要扶持人才中介业务的发展，结合农村剩余劳动力转移、城市下岗人员再就业工程，通过培训，引导其进入现代服务业领域创业和就业。研究制订现代服务业科技创新、商业模式创新等知识产权保护办法，加强对现代服务业创新的保护力度。

4.3.4.2　探索湖北现代服务业投资环境建设的新思路

1. 加强跨国和跨区域的现代服务业投资环境平台建设

随着国际现代服务业转移趋势明显，湖北已成为吸引投资的前沿阵地，必须推动湖北现代服务业对内对外开放相互促进、“引进来”和“走出去”更好结合，促进国际国内要素有序自由流动、资源高效配置、市场深度融合。具体而言，湖北可充分发挥自身交通方便、文化资源丰富、劳动力成本较低等优势，大力发展包括商贸服务业在内的现代服务业和国际旅游、对外工程承包、文化出口等服务贸易，加快崛起进程。再如，湖北是法国在华投资最大的省份，可进一步拓展湖北与法国在城市可持续发展、科技教育等各个领域的投资合作，充分借鉴该国的经验，不断提升湖北现代服务业投资环境竞争力。在对内开放合作中应注重区域协作共赢发展原则，湖北应依托长江黄金水道这一中国经济升级版的新支撑带，以及与湘、赣、皖三省联手打造长江中游城市群的战略契机，实施“错位发展战略”，妥善处理全局和局部、长远与当前、沿江与腹地的关系，以良好的投资环境提升湖北现代服务业的比较优势和竞争优势。

2. 形成“两圈一带”现代服务业投资环境联动格局

在“两圈一带”、一元多层次等区域发展战略的指导下，依照优势互补、和谐共赢、整体联动、彰显特色的发展原则，以产业链为纽带，以集成化为突破口，以龙头企业为集聚核，建立现代服务业集聚区，营造现代服务业良好的投资环境：一是引导武汉提升开放层次，加快建成现代服务业投资环境国际化示范区。二是促进宜昌、襄阳等大城市扩大开放合作，实现开放型现代服务业经济跨越发展。

三是支持鄂东北、鄂西北、鄂西南等地区加快开放步伐，形成新的现代服务业开放型经济增长极。同时，进一步做实“武鄂黄”“武襄十”“武荆宜”3 条生产性服务业功能带，并在继续完善现有服务业总体投资规划、重点产业专项规划、集聚区发展规划的基础上，组织力量编制重点市州或者县市区现代服务业投资规划，形成完备的现代服务业投资规划体系，因地制宜地建设现代服务业投资环境。

4.3.4.3 构筑湖北现代服务业投资环境建设的新优势

积极构建具有湖北特点的现代产业体系，大力实施现代服务项目建设。按照“策划一批、推进一批、实施一批、建成一批”的要求，突出抓好对现代服务业发展起龙头作用的大项目、对转型升级起关键作用的新项目、对全局发展起长远作用的好项目的引进、培育和建设。确保在建项目、前期项目和策划项目之间每年能够保持一定规模流转，增强湖北省现代服务业发展实力和后劲。

1. 统筹好制造业与生产性服务业的投资结构

湖北有雄厚的制造业基础，制造业正处于加快发展、转型升级的关键时期，要从湖北制造业发展的客观需求出发，以与制造业融合发展为途径，整体推进和重点突破相促进，鼓励企业在生产的上游、下游环节适时、有序地实现制造业企业向生产性服务业企业的转型。而生产性服务业的发展，减少了制造业企业对资源的依赖程度和对生态环境的破坏程度，提高了制造业部门对社会资源的利用效率，从而可为湖北省汽车、钢铁、石化、船舶制造业的发展提供全面、完善的协作与配套环境。

2. 统筹好生产性服务业与生活性服务业投资结构

湖北要把生产性服务业与生活性服务业放在同等重要的位置，完善支持现代服务业的产业政策环境，加快实施新兴产业倍增、服务业提速、传统产业升级计划。在生产性服务业方面，湖北可优先发展产业关联性强、基础条件好、拉动作用大的现代物流业、软件和信息服务业、金融业等生产性服务业，并将其打造成千亿元产业。重点培养市场需求旺、发展潜力大、科技含量高的科技研发服务、商务服务、软件与服务外包、物联网、文化创意等新兴生产性服务业。在生活性服务业方面，坚持生活性服务业与扩大消费需求相结合，积极发挥现代服务业对于解决民生问题、促进社会和谐、消费结构转型升级的作用，重点围绕数字社区（家庭）服务、数字文化、数字旅游、数字医疗与健康等数字生活服务领域，构建一批数字生活服务运营平台，引领新兴数字生活消费服务产业快速发展、做大做强。

4.3.5　加强生态治理和环境保护

在生态治理方面，加大森林生态系统自然保护区建设和发展，确保省级以上重点保护野生动植物和有保护价值的典型生态系统得到有效保护。当前，湖北在环境保护上，为满足群众更高生活品位的追求，应以解决损害群众健康突出环境问题为重点，要加大环境保护力度，改善城乡生态环境质量。加快实施“蓝天、碧水、青山、美城”工程，加强城市空气、污水、垃圾、噪声和光污染防治，探索在大城市开展 $PM_{2.5}$ 和臭氧监测试点，建设布局合理、生态良好、景观优美的城市绿化系统，提高城市建成区绿化覆盖率，增加国家级森林公园数量，实现城市生活空间宜居适度；同时，不断改善农村人居环境，建设美丽乡村，防控生活污染局部加剧现象的发生。

4.3.6　寻求绿色消费区域协调发展新渠道

寻求开展促进省域之间绿色消费的合作方案，并不断建立和完善合作框架内的体制机制，因地制宜促进发展。绿色消费最高的武汉地区，作为全国特大中心城市之一，是全省经济社会发展的龙头，武汉城市圈的核心，需要利用区位优势、经济优势、产业优势、人口素质优势，以生态优先为原则，以改善民生为目的，以新型城市化为动力，以解决消费环境问题为重点，政府依法调控，居民积极参与，市场有序运作，进一步提升绿色消费，加大省内的绿色消费合作力度，实现资金、技术、信息等要素向武汉城市圈其他地区进行合理的流动和扩散，发挥中心城市和重要经济区域对邻接地区的辐射带动作用。武汉城市圈的其他城市绿色消费发展的重点和关键是转变消费模式，推动消费结构升级，大力发展现代服务业等绿色产业，遵循经济规律和城市发展规律，走“两型”城市化发展道路。十堰、宜昌地区位于鄂西生态文化旅游圈，应进一步增强经济实力，完善城市功能，扩大承载能力，以生态资源为基础，整合鄂西地区丰富的生态、文化等资源优势，推动鄂西地区制度创新、经济结构调整和发展方式转变，优化发展格局，破解交通、体制、机制等瓶颈障碍，促进生态旅游产业有序发展。就绿色消费发展指数较低的恩施、随州等地区而言，应有效借鉴绿色消费发展指数较高区域的经济社会发展与资源环境管理经验，针对性地转变消费方式，调控消费水平，逐步建立合理的消费结构，加快鄂西地区绿色消费发展和生态文明建设步伐。例如，宜昌、恩施都拥有丰富的绿色消费休闲资源，宜昌在鄂西圈中可谓是“龙头”，两者可协同发展，并加以聚类整合，主推生态休闲，以宜昌品牌效应带动恩施的发展。十堰可依托汽车工业城市的优良条件，建设旅游示范区。地方政府及相关职能部门应主动与上级部门进行汇报沟通从而获得更大的项目支持、更优的政策支持，并从利益协调、招商引资、对口援助、合作帮扶及空间组织等方面挖掘绿色消费的潜力，在发展规划对接、基础设施建设、城市布局优化、生态景观群聚、现代服务业发展等方面创造后发优势，为绿色消费的提升提供良好的外在条件。同时，湖北省政府在针对集中连片特困地区制订消费政策时应在充分了解贫困地区集聚特征的基础上进行相机决策，制定相应的政策。例如，在资金流方面，可采取“扶贫”制度，让资金富余的地区扶助资金周转比较困难的地区，实现人民的共同富裕。

本章小结：湖北省绿色消费模式和现代服务业的发展状况总体趋好。本书从绿色消费、经济发展与社会和谐、资源能源节约、生态建设与环境友好 4 个方面，选取了 63 个指标，构建了湖北省绿色消费模式评价指标体系，运用熵权法计算指标权重对湖北省绿色消费模式发展状况进行评价分析。研究结果表明，湖北省绿色消费模式发展状况总体趋好，但一些方面仍有待改进。城乡居民逐渐提高的绿色消费释放出了对现代服务业的巨大需求。从区域投资环境的基本理论着手，以现代服务业投资环境竞争力为评价对象，构建中国省域现代服务业投资环境竞争力评价指标体系，然后选取 2013 年现代服务业投资环境相关数据，利用因子分析法确立的评价模型，综合评价湖北省现代服务业投资环境竞争力，并对湖北省现代服务业投资环境竞争力从经济环境、产业环境、社会文化环境、科技环境等方面进行比较研究。结果表明：虽然湖北省现代服务业投资环境竞争力排名在全国处于中上地位，与中部 6 省相比稍有优势，但与上海、北京、广东相比还有很大的差距。根据评价结果，本书对进一步提高湖北绿色消费的发展状况提出了一些建议：消费者积极践行绿色消费模式；坚持基础设施建设先行；完善引领绿色消费模式的政策体系；发展现代服务业产业体系；加强生态治理和环境保护；寻求绿色消费区域协调发展新渠道。

参考文献

[1] 段玉. 旅游景区资源质量的综合评价. 统计与决策，2009（4）：63-65.

[2] 田中禾，张娇. 基于熵权法的西北制造业上市公司财务综合绩效测评——以甘肃省为例. 财会通讯，2013（14）：25-27.

[3] 肖军，文启湘，王贵森. 陕西省生态消费模式发展状况评价与对策研究. 消费经济，2012，28（3）：12-15.

[4] 田卫民. 省域居民收入基尼系数测算及其变动趋势分析. 经济科学，2012

（2）：48-59.

[5] 徐翔，王来峰. 我国居民低碳生活路径研究——以湖北省为例. 生态经济，2012（7）：189-193.

[6] 乔为国，孔欣欣. 中国居民收入差距对消费倾向变动趋势的影响. 当代经济科学，2005，27（5）：1-5.

[7] 万勇. 城市化驱动居民消费需求的机制与实证——基于效应分解视角的中国省级区域数据研究. 财经研究，2012，38（6）：124-133.

[8] 郑伟民，李丽桢. 福建设区市现代服务业投资环境研究. 科技和产业，2012，12（12）：50-55.

[9] 贾玉巧. 现代服务业投资环境影响因素分析. 中国商界（上半月），2009（11）：47-48.

[10] 金英笋. 中韩金融·保险业投资环境比较研究. 延边大学学报：社会科学版，2013，46（6）：93-98.

[11] 余松涛，李丽. 基于主成分法的区域金融投资环境评价. 统计与决策，2013（6）：56-59.

[12] 陈俊华，文书洋，黄万钧. 中国西部地区城市房地产投资环境评价体系研究：攀枝花例证. 软科学，2012，26（7）：60-64.

[13] 陈基纯，陈忠暖. 我国大中城市房地产投资环境评估与分类研究. 科技管理研究，2012（3）：210-214.

[14] 周勇，龚海东. 投影寻踪动态聚类模型在房地产投资环境评价中的应用. 经济数学，2014，31（1）：94-98.

[15] 文连台. 创新促文化创业投资环境优化. 宁波经济（财经视点），2012（2）：44-45.

[16] 佘国强，王洁. 长沙市旅游项目投资环境评价. 经济地理，2011，31（10）：1750-1753.

[17] 吴晓春，孙根年，马耀峰. 陕西十地市旅游投资环境的评价研究. 干旱区资源与环境，2005，19（6）：73-77.

[18] 郭伟，吕芳，李胜芬. 基于可拓工程法的旅游投资环境区域差异研究. 统

计与决策，2012（2）：115-117.

[19] 邓宏兵. 张振二. 刘丽君，等. 投资环境评价原理与方法. 武汉：中国地质大学出版社，2000，30：126-198，200-203.

[20] 黄荣顺，揭筱纹，王亮. 四川规模以上民营企业竞争力评价——基于主成分因子分析法的实证研究. 软科学，2009，23（12）：141-144.

[21] 王斌，陈慧英. 鄂西生态文化旅游圈旅游全要素协同发展体系研究. 经济地理，2011（31）：2128-2131.

[22] 倪琳，张欢. 工业化进程中城市居民生活消费生态足迹分析——以长沙市为例. 中国地质大学学报：社会科学版，2013（3）：31-35.

[23] 胡日东，苏梽芳. 中国城镇化发展与居民消费增长关系的动态分析——基于 VAR 模型的实证研究. 上海经济研究，2007（5）：58-65.

[24] 王耀中，陈洁. 新型城镇化与现代服务业的融合发展. 光明日报，2013-07-19（11）.

[25] 科学技术部. 现代服务业科技发展“十二五”专项规划.（2012-02-22）[2014-03-01]. http：//www.china.com.cn/policy/txt/2012-02/22/content_24700549.htm.

[26] 成金华，孙琼，郭明晶，等. 中国生态效率的区域差异及动态演化研究. 中国人口·资源与环境，2014，24（1）：47-54.

[27] 覃章梁：恩施州融入鄂西生态文化旅游圈的路径与对策. 湖北民族学院学报：哲学社会科学版，2009（1）：130-133.

第5章

城市消费模式现状分析
——以长沙市为例

1990—2010 年，长沙市城市居民消费水平持续提高，城市居民家庭人均消费性支出从 1 008 元上升到 6 357 元（1990 年不变价），涨幅超过 5 倍。在家庭消费支出中，食品、衣着等生存需求资料消费占全年人均消费性支出的比重由 1990 年的 68.56%降至 2010 年的 43.20%；与此同时，居住、通讯、家庭设备用品及服务、医疗保健、教育文化娱乐等发展和享受型的消费支出不断提高。消费结构的这种变化趋势表明，长沙市城市居民的消费已从生存型转向发展和享受型。

5.1 1990—2010 年长沙市城市居民生活消费生态足迹计算

生态足迹分析是由加拿大生态经济学家 William Rees 及其学生 Wackernagel 于 20 世纪 90 年代初提出的一种用于衡量人类对自然资源的利用程度以及自然界为人类提供的生命支持服务功能的方法。近年来，随着消费对资源能源的需求和对生态环境的影响的日益增大，利用生态足迹的方法开展生活消费对生态环境影响的研究逐渐成为学术界关注的热点。如 Spangenberg 等利用生态足迹的方法分析了家庭乃至个人生活消费对生态环境的影响。生态足迹概念引入我国后，国内学者对城市居民生活消费的生态足迹研究做出不少探讨与尝试，如：苏筠、闵庆文、赵慧霞、张泽洪等、杨莉计算了我国各大中城市居民生活消费的生态足迹，张根明等分析了湖南省城市居民生活消费的生态足迹，然而，综观已有的研究文献，运用生态足迹模型对城市居民生活消费大多是进行静态分析，动态分析的较少，也较少研究生态足迹变化的驱动因素。基于此，本书首先对1990—2010 年长沙城市居民生活消费的人均生态足迹时序进行测算，揭示其城市居民生活消费人均生态足迹的动态变化过程，然后利用因素分解模型，定量分析技术进步、工业化、经济增长对城市居民生活消费生态足迹的贡献份额，研究结果不仅能为长沙市相关部门的政策制定提供依据，也可为其他省市引导城市居民建立绿色消费模式提供科学依据。

5.1.1　数据来源

采用 1990—2010 年《湖南统计年鉴》和《长沙统计年鉴》的人口、历年城市居民家庭全年人均主要食品、衣着及日用品消费数据。

5.1.2　计算方法

人均生态足迹表示一定区域内为维持资源消费和废弃物吸收所必需的人均生物生产面积，是人类生存必需的真实生物生产面积。根据于谨凯的研究，人均生态足迹的计算公式可以表达为：

$$f_e = \sum r_j A_i = \sum r_j C_i /(P_i \times N) \quad (i=1,2,3,\cdots,n;\ j=1,2,3,\cdots,6) \tag{5.1}$$

式中，f_e 为人均生态足迹，i 为消费项目的类型，j 为生物生产性土地面积类型，A_i 为第 i 种消费项目折算的人均占有的生物生产性土地面积，r_j 为第 j 类生物生产性土地的均衡因子，C_i 为 i 种商品的年消费量，P_i 为 i 种消费商品的年世界平均土地生产力，N 为总人口数。

5.1.3 计算结果与分析

根据杨开忠的研究，地球表面的生物生产性土地可分为六大类：化石燃料用地、耕地、林地、牧草地、建筑用地和水域。为了将其汇总为区域的生态足迹，在不同的土地面积计算结果前分别乘上一个相应的均衡因子，就能转化为可比较的生物生产性土地均衡面积（如表 5.1 所示）。

表 5.1 模型账户分类

土地类型	选取指标	均衡因子
耕地	粮食、油脂类、蔬菜、酒类、茶叶、薯类、饮料、糕点、卷烟、棉织品 10 项	2.8
牧草地	猪肉、牛羊肉、禽类、蛋类、奶类、毛类 6 项	0.5
林地	瓜果类、木材产品 2 项	1.1
水域	水产类 1 项	0.2
建筑用地	建成区面积、电力 2 项	2.8
化石燃料用地	煤炭、液化气、管道煤气、家庭用品固化能量 4 项	1.1

本书根据人均生态足迹的计算公式，对各类生物消费用地类型通过均衡因子进行平衡汇总，可得到长沙市 1990—2010 年居民生活消费的人均生态足迹（见表 5.2）。人均生态足迹反映特定区域内居民资源消耗的平均强度，人均生态足迹越大，资源利用强度就越大，资源消耗越多，生态环境支撑能力相对越弱。通过表 5.2 对长沙市历年城市居民生活消费的人均生态足迹的结构组成进行分析，可以发现：

表 5.2　1990—2010 年长沙市居民生活消费的人均生态足迹

单位：hm²/人

年份	耕地	牧草地	水域	林地	化石燃料用地	建筑用地	人均生态足迹总值
1990	0.285 1	0.168 1	0.055 9	0.059 7	0.120 8	0.023 7	0.713 3
1991	0.292 5	0.169 9	0.055 2	0.051 4	0.130 5	0.022 7	0.722 2
1992	0.284 8	0.160 4	0.052 4	0.070 7	0.133 4	0.026 1	0.727 8
1993	0.283	0.190 7	0.057 9	0.046 1	0.143 1	0.011 2	0.732 0
1994	0.298 1	0.190 6	0.062 8	0.041 7	0.136 8	0.011 2	0.741 2
1995	0.282 8	0.169 9	0.055 9	0.081 9	0.126 5	0.028	0.745
1996	0.285 6	0.171 4	0.055 9	0.091 6	0.134 6	0.029 3	0.768 4
1997	0.285 9	0.170 6	0.055 9	0.104 1	0.146 4	0.028 6	0.791 5
1998	0.283	0.173 9	0.054 5	0.116 6	0.158 4	0.035 3	0.821 7
1999	0.272 6	0.179 6	0.059 8	0.129 7	0.178 3	0.045 5	0.865 5
2000	0.260 1	0.191 9	0.062 1	0.136 9	0.198	0.047 4	0.896 4
2001	0.262 5	0.218 5	0.062 4	0.139 6	0.222 8	0.049	0.954 8
2002	0.261 8	0.237 1	0.062 7	0.141 9	0.254 3	0.055 9	1.013 7
2003	0.262 0	0.254 1	0.063 1	0.150 8	0.269 8	0.061 3	1.061 1
2004	0.264 5	0.264 2	0.067 8	0.153 2	0.286 1	0.066	1.101 8
2005	0.263 6	0.276 3	0.069 3	0.155 1	0.306 7	0.079 7	1.150 7
2006	0.261 2	0.287 7	0.071 1	0.153 3	0.357 7	0.080 2	1.211 2
2007	0.257 3	0.297 7	0.075 2	0.156 6	0.385 1	0.089 1	1.261
2008	0.258 5	0.309 6	0.074 5	0.157 4	0.407 6	0.106 6	1.314 2
2009	0.250 5	0.317 3	0.079 3	0.158 8	0.415 7	0.109 2	1.330 8
2010	0.244 6	0.326 1	0.082 8	0.160 2	0.430 9	0.125 3	1.369 9

5.1.3.1　居民生活消费的人均生态足迹呈现持续上升趋势

1990—2010 年的 21 年间，长沙市居民生活消费的人均生态足迹呈现持续上升趋势，由 1990 年的 0.713 3 hm²/人增至 2010 年的 1.369 9 hm²/人，增长 92.05%。这意味着，长沙市居民生活消费对资源环境的负面影响和压力正日益增大。进一步研究还可以发现：进入21世纪以来，2007—2010年长沙的人均生态足迹仍呈增加之势，但年均增速为2.80%，比2000—2006年的年均增速3.36%有所下降，这说明从2007年12月，长株潭城市群被获批为全国“两型社会”建设综合配套改革试验区以来，长沙市致力于实现经济繁荣、社会和谐、生态优化三大目标，推动生态文明建设，城市居民的生活消费观念和消费模式正在悄然发生改变并取得了初步的成效。

5.1.3.2　不同土地类型的人均生态足迹在时间序列上的变化趋势具有不一致性

化石燃料用地增加最多，由1990年的0.120 8 hm^2/人增至2010年的0.430 9 hm^2/人，增加0.310 1 hm^2/人，其次是牧草地，再次是建筑用地，分别增加0.158 0 hm^2/人和0.101 6 hm^2/人；而耕地的生态足迹则由1990年的0.285 1 hm^2/人下降到2010年的0.244 6 hm^2/人。具体分析如下：

（1）化石燃料用地生态足迹反映了居民对液化石油气、煤炭、家庭用品的固化用能、管道煤气（天然气）的能源消费状况。经测算，家庭用品的固化用能的人均生态足迹显著增长。这充分说明在社会进步的大背景下，消费水平提高导致长沙市民更关注对日用品和耐用消费品的追求，消费结构正由生存型消费向发展型消费升级。例如：其一，每百户长沙家庭拥有的家用汽车数量由1990年的0辆增至2010年的23.6辆，家用汽车的大幅增长方便了城市居民的出行方式，但不可再生能源消费的迅速增长也带来了严重的环境污染问题。其二，管道煤气（天然气）的生态足迹呈逐年上升趋势。天然气的广泛利用有利于改善环境和人民生活，经济效益、生态效益显著。其三，煤炭的人均生态足迹总体下降，这有助于改善长沙市城市居民的能源消费结构，有助于净化空气和保护环境。其四，液化石油气的人均生态足迹呈波浪式下降。总体看来，长沙城市居民对能源的需求仍在不断增长，从而使化石燃料用地成为影响其人均生态足迹总值的首要因素。因此，控制能源消费总量，加强节能降耗，提倡消费可再生的新能源以及加强节能宣传是减少城市居民生活能源消费生态足迹的有效途径。

（2）虽然耕地人均生态足迹在整个生态足迹中仍占有主导地位，但从 2007 年起，牧草地人均生态足迹占人均总生态足迹的百分比超过了耕地人均生态足迹，这反映出生态系统食物链能量转化的规律：随着消费水平日益提高，居民对普通粮食的需求有所放缓，但对禽类、肉类、蛋类、奶类产品等的消费需求有所上升，突出表现为猪肉消费的人均生态足迹最大，而粮食消费呈现双降态势，即食品在居民日常消费中的比例在下降，粮食在整个食品消费中所占的比例也在下降。城市居民食品消费行为的改变使牧草地人均生态足迹成为了影响生态足迹变化的重要因素。

（3）城市居民对建筑用地的消费包括住宅、商业、交通及其他基础服务设施用地，本书采用建成区面积来替代城市居民生活对建筑用地的生态占用。社会财富的日渐积累使得长沙市城市居民在居住方面的消费支出不断提高。建筑用地的人均生态足迹的组成部分还包括电力，电力作为二次能源，大部分由煤炭转化，对于用户是清洁的，但对整个环境的危害仍然存在。

5.2 长沙市居民生活消费人均生态足迹变动的贡献分析

5.2.1 因素分解模型

以 f_e 表示长沙居民生活消费的人均生态足迹，A 为人均 GDP，为了消除物价的影响，统一以 1990 年不变价格进行折算，T 表示万元 GDP 生态足迹，t、0 分别表示报告期和基期，则：

$$f_e = AT \tag{5.2}$$

将式（5.2）按照指数体系进行动态因素分解得：

$$\frac{A_tT_t}{A_0T_0}=\frac{A_tT_t}{A_0T_t}\times\frac{A_0T_t}{A_0T_0} \tag{5.3}$$

$$A_tT_t - A_0T_0 = (A_tT_t - A_0T_t) + (A_0T_t - A_0T_0) \tag{5.4}$$

令 $$\Delta f_e = A_tT_t - A_0T_0$$

则 $$\Delta f_e = (A_tT_t - A_0T_t) + (A_0T_t - A_0T_0) \tag{5.5}$$

Δf_e为人均生态足迹增量，由式（5.5）可以看出人均生态足迹变动可以分解为两部分：一部分是$A_tT_t - A_0T_t$，它是由经济增长因素引起的人均生态足迹变动，另一部分是$A_0T_t - A_0T_0$，它是由技术进步因素引起的人均生态足迹变动。

由于人均生态足迹变动不仅受此两个因素的影响，还受工业化水平、市场化、产业组织结构等多方面的影响，本书主要考察工业化对居民生活消费人均生态足迹的影响，故将工业化水平引入式（5.2），则上述模型变为

$$f_e = ATI \tag{5.6}$$

I为工业化水平，对工业化水平的衡量，目前存在很大分歧。本书认为，用非农产业的就业比重来衡量长沙市的工业化水平，既可反映工业化的进程，又可反映人口结构变化，也利于进行国际比较。该数据来源于历年《长沙统计年鉴》和《中国城市统计年鉴》。f_e、A、T意义同上，将式（5.6）动态化并进行分解得：

$$\frac{A_tT_tI_t}{A_0T_0I_0}=\frac{A_tT_0I_0}{A_0T_0I_0}\times\frac{A_tT_tI_0}{A_tT_0I_0}\times\frac{A_tT_tI_t}{A_tT_tI_0} \tag{5.7}$$

$$\begin{aligned}\Delta f_e &= A_tT_tI_t - A_0T_0I_0 = (A_tT_0I_0 - A_0T_0I_0)\\ &+(A_tT_tI_0 - A_tT_0I_0) + (A_tT_tI_t - A_tT_tI_0)\end{aligned} \tag{5.8}$$

其中由经济增长因素引起的人均生态足迹变动为 $(A_tT_0I_0 - A_0T_0I_0)$，由技术进步因素引起的人均生态足迹变动为 $(A_tT_tI_0 - A_tT_0I_0)$，由工业化水平引起的人均生态足迹变动为 $(A_tT_tI_t - A_tT_tI_0)$。

在人均生态足迹变动中经济增长的贡献份额为 $W_A = \frac{A_tT_0I_0 - A_0T_0I_0}{A_tT_tI_t - A_0T_0I_0}$，技术进步的贡献份额为 $W_T=\frac{A_tT_tI_0 - A_tT_0I_0}{A_tT_tI_t - A_0T_0I_0}$，工业化水平的贡献份额为 $W_I=\frac{A_tT_tI_t - A_tT_tI_0}{A_tT_tI_t - A_0T_0I_0}$。

以第 $n-1$ 期为基期，可以计算当年人均生态足迹中经济增长、技术进步、工业化水平的贡献份额。若计算结果为正值，表明该因素的影响方向与人均生态足迹同向变化；若计算结果为负值，表示其影响方向与人均生态足迹反向变化。

5.2.2　各驱动因素对城市居民生活消费人均生态足迹变动的贡献份额

根据上述因素分解模型对居民生活消费人均生态足迹进行分解，并计算 W_A、W_T、W_I 各自的贡献份额，计算结果见表 5.3。

表 5.3　各因素对长沙居民生活消费的人均生态足迹的贡献份额分解

年份	W_A	W_T	W_I
1990—1991	2.41	−2.02	0.61
1991—1992	4.45	−4.10	0.65
1992—1993	3.30	−3.12	0.82
1993—1994	2.35	−2.21	0.86
1994—1995	3.05	−2.90	0.85
1995—1996	3.15	−2.94	0.79
1996—1997	3.35	−3.11	0.76

年份	W_A	W_T	W_I
1997—1998	3.44	−3.18	0.74
1998—1999	3.56	−3.27	0.71
1999—2000	3.65	−3.31	0.66
2000—2001	3.66	−3.30	0.65
2001—2002	3.66	−3.30	0.64
2002—2003	3.67	−3.31	0.64
2003—2004	4.06	−3.67	0.61
2004—2005	4.04	−3.64	0.60
2005—2006	4.17	−3.74	0.57
2006—2007	4.35	−3.93	0.58
2007—2008	4.59	−4.16	0.57
2008—2009	4.93	−4.49	0.56
2009—2010	5.24	−4.79	0.55

数据来源：本书根据模型计算结果整理得来。

表5.3全面反映了1990—2006年经济增长、工业化水平、技术进步对人均生态足迹的贡献作用。从分解结果可知，各因素对人均生态足迹变动所起作用明显不同，技术进步一直是人均生态足迹下降的因素，样本期内平均为−3.39，而经济增长、工业化水平则是导致人均生态足迹增加的因素，样本期内平均为3.75、0.64。相比较而言，经济增长是导致人均生态足迹增长的首要因素，除去少数年份外，经济增长对人均生态足迹的拉动作用呈逐年上升趋势。工业化水平对人均生态足迹的影响作用比较小，且呈现先上升后下降趋势。

经济增长导致城市居民消费能力的提升和消费结构的升级。消费对生态足迹的影响主要表现在两个方面：一是居民生活消费对资源能源的直接消耗及其产生的环境影响；二是支撑居民消费需求的整个国民经济产业的发展及其对资源能源的消耗与对环境影响。1990—2010年，长沙市城市居民消费水平持续提高，消费结构已从生存型消费转向发展和享受型消费。所以，经济增长带动的消费增长无疑给有限的资源和环境施加了较大的压力，从而最终导致人均生态足迹的扩大。

自 20 世纪 90 年代以来，长沙市处于工业化加速发展阶段，工业化关系到区域的生态环境、人文环境和经济环境的同步发展，这是因为工业化会带来人口的集聚、产业的调整、城市的外延、资源的组合、化石类能源的消耗等一系列变化，工业化也会产生消费扩张效应：随着非农产业就业人口的不断增长，将促进消费总量的提高，把潜在的消费需求转化为现实的购买力；同时工业化过程又是集资金、技术、知识、信息于一体的新型工业化过程，有利于能源消费的集约使用和节能技术的推广，使得能源技术进步效率和经济效率不断提高。与现阶段经济增长对人均生态足迹的贡献份额相比，长沙市工业化水平对人均生态足迹的贡献份额偏小且总体有所下降，表明资源能源消费对工业化的制约作用正在减少，工业化水平推进对资源能源消费的依赖程度正在降低。

5.3　结论与建议

为阐述居民生活消费对生态环境的影响，本研究运用生态足迹模型，对 1990—2010 年长沙市工业化进程中的城市居民生活消费的人均生态足迹进行了测度，结果表明：长沙市城市居民生活消费的生态足迹呈现持续上升趋势，对长沙市的生态文明建设提出了严峻挑战。但自 2007 年以来，其人均生态足迹增速有所减缓，这与近年长沙市构建“两型社会”，培养居民绿色消费模式密不可分。从人均生态足迹结构组成分析，不同土地类型的人均生态足迹在时间序列上的变化趋势具有不一致性：化石燃料用地的人均生态足迹增加最多，其次是草地，再次是建筑用地。人均生态足迹因素分解模型的计算结果表明：技术进步一直是人均生态足迹下降的因素，经济增长是促使人均生态足迹提高的因素，工业化水平对人均生态足迹的影响呈现先上升后下降趋势。

未来20～30年，随着我国工业化、信息化、城镇化和农业现代化的全面协调发展，必然继续大量消耗自然资源，并给生态环境带来压力。为了缓解城市居民消费水平提高和消费升级对生态环境的影响和压力，推动“两型社会”和生态文明建设，长沙市应以科学发展观为指导，以推行绿色消费模式为契机，注重运用相应的调控政策，全面协调城市经济、社会、生态各子系统的发展。

5.3.1 大力推行绿色消费模式

加强生态文明宣传教育，增强全民绿色消费意识和适度消费意识，发挥生态道德的调节作用，促进发展、消费、科技与生态环境的和谐共生。努力营造有利于绿色消费的社会氛围，比如组织开展“地球一小时低碳生活周”“节约宣传周”“能源紧缺体验”“低碳知识竞赛”等全民活动，推动开展“绿色社区”“绿色机关”“绿色学校”等创建活动，以活动大力推行绿色消费模式。

积极制定与绿色消费相关的法律法规，促进绿色消费模式的政策体系和体制机制的建立。运用财政、信贷、价格等经济手段，进一步完善消费税制度，将大量消耗资源、严重污染环境的商品纳入消费税征收范围，引导人们正确处理生产与消费、积累与消费、分配与消费、现在消费与未来消费的关系。

5.3.2 以绿色消费为动力转变经济发展方式

消费对于生态环境的重要性，不仅体现在消费给生态环境带来直接影响，更为重要的是作为规制经济发展方式转变的重要动力。长沙应着力推进绿色发展、循环发展、低碳发展。大力推进产业结构由工业文明的黑色产业结构向生态文明的绿色产业结构的根本转变，加快发展文化创意产业、商贸业、旅游业、金融业、现代物流业等为代表的现代服务业，全力构建绿色产业链。以启动低碳经济示范城市建设为契机，推进能源生产与消费生态化，加大对节能低碳产业的扶持力度，将财政专项资金向新材料、清洁能源、节能环保、低碳技术研发倾斜。

5.3.3　努力探索新型工业化道路

应努力探索中国特色新型工业化道路，推动信息化和工业化深度融合，工业化和城镇化良性互动，加快改造提升传统产业，大力发展高新技术产业，加快长沙“一园三基地”（岳麓山大学科技园、高科技农业基地、软件基地、新材料基地）建设。同时在工业化进程中严守耕地保护红线，严格土地用途管制。加大城市生态建设与环境保护，实施环境基础设施建设和生态建设工程，提高城市建成区绿化覆盖率，实现城市生活空间宜居适度。

5.4　长沙推广绿色消费的经验介绍

据统计，长沙每天产生的餐厨垃圾约为 600 t。餐厨垃圾的产生与人们在餐饮消费上的铺张浪费习惯以及不正确的消费观念有着直接的关系。而大量餐厨垃圾的产生不仅对环境造成污染、浪费了资源，同时还成为了食品安全杀手“地沟油”的源头。针对这一现象，2012 年 7 月，长沙开始着手实施“文明餐桌行动”来倡导绿色消费。长沙陆续通过发放“餐桌文明行动倡议书”、商家提供免费打包餐盒、张贴店内宣传海报、与餐饮酒店代表签订《长沙市旅游行业文明餐桌行动承诺书》等行动开展餐桌的绿色消费。长沙的具体经验有以下 3 个方面。

5.4.1　媒体联动

在创建“文明餐桌”行动中，长沙晚报、潇湘晨报在内的多家媒体积极联动。通过媒体的传播，将硬性的制度、规定与文件，转化成了一种无形的舆论引导力。例如，长沙晚报通过网络调查等方式征集网友意见，与市文明办联合推出相约“文明餐桌”主题活动，促进了节俭、安全、卫生用餐等观念的牢固树立，对引导人们绿色消费起到了事半功倍的效果。

5.4.2 部门联动

为达到多部门齐抓共管的目的。长沙市文明办、市教育局、市商务局、市卫生局、市食安办、市环保局、市旅游局、市国资委、市工商局、市质监局、市食药监局、市消委等多部门紧密联动推动“文明餐桌行动”的制度建设。像《长沙市旅游行业文明餐桌行动承诺书》，就是由长沙市旅游局发起，湖南华天大酒店、长沙神龙大酒店等 50 家星级饭店共同签署的承诺。

5.4.3 上下游联动

长沙于 2012 年 10 月 1 日启动全市范围餐厨垃圾无害化处理，一旦发现非政府审批单位回收餐厨垃圾，可根据有关制度和规定，没收工具，进行罚款、停店整顿、吊销执照等处理。这种上下游的联动更进一步控制住了潲水油的源头。与此同时，一些公司将餐厨垃圾即时处理成生物柴油和工业原料的全套设备与技术也顺利通过各项考核，并已正式投入使用。

“文明餐桌行动”正是这样一项“三管齐下”的完整体系，通过媒体大力宣传“餐桌文明”，形成了绿色消费导向；通过多部门联动，形成绿色消费的有效管理机制；通过上下游联动，促进企业在激烈的市场竞争中努力实现绿色生产、绿色发展。以上行动以长沙的宾馆饭店、学校餐厅、机关食堂为示范点，以中型以上餐馆和沿街 15 座以上餐饮门店为重点，以文明餐桌示范宾馆饭店、示范学校餐厅、示范机关食堂、示范餐馆、示范餐饮门店以及示范街、示范夜市等创建活动为契机，通过发动广大餐饮服务单位、市民积极参与，在社会上形成了良好的反响，并有效引导了长沙的“绿色消费”

深入人心。

本章小结：近年来，随着消费对资源能源的需求和对生态环境影响的日益增大，利用生态足迹的方法开展生活消费对生态环境影响的研究逐渐成为学术界关注的热点。本书运用生态足迹理论，采用相关经济数据，计算和分析了 1990—2010 年长沙市城市居民生活消费人均生态足迹的动态变化过程，测算出相关因素对人均生态足迹变动的贡献份额。计算结果表明：1990—2010 年长沙市城市居民生活消费的人均绿色足迹呈持续上升趋势，人均生态足迹由 1990 年的 0.713 3 hm^2 增至 2010 年的 1.369 9 hm^2，不同土地类型的人均生态足迹在时间序列上的变化趋势具有不一致性。但自 2007 年以来人均生态足迹的增速有所减缓，这与居民绿色消费模式密不可分。总体而言，技术进步一直是人均生态足迹下降的因素，经济增长、工业化是促使人均生态足迹提高的因素，且工业化水平对人均生态足迹的影响呈现先上升后下降趋势。为缓解城市居民生活消费给生态环境带来的压力，促进“两型社会”和生态文明建设，应大力推行绿色消费模式，以绿色消费为动力转变经济发展方式，努力探索新型工业化道路。长沙以“文明餐桌行动”推广绿色消费的经验包括：媒体联动、部门联动、上下游联动。以上是对长沙消费模糊现状的分析。国外，特别是一些发达国家的消费模式的特点、消费模式对资源环境的影响以及对我国构建消费模式的借鉴意义将在下章讨论。

参考文献

[1] 曹新向，梁留科，丁胜彦. 可持续发展定量评价的生态足迹分析方法. 自然杂志，2003，25（6）：335-339.

[2] Spangenberg J H，Lorek S. Environmentally Sustainable Household Consumption：From Aggregate Environmental Pressures to Priority Fields of Action. Ecological Economics，2002，11（8）：923-926.

[3] 苏筠，成升魁，谢高地. 大城市居民生活消费的生态占用初探——对北京、上海的案例研究. 资源科学，2001，23（6）：24-28.

[4] 闵庆文，余卫东，成升魁. 商丘市居民生活消费生态足迹的时间序列分析. 资源科学，2004，26（5）：125-131.

[5] 赵慧霞，姜鲁光. 济南市城市居民生活消费的生态足迹. 生态学杂志，2004，23（6）：178-181.

[6] 张泽洪，朱飞燕. 成都市城市居民生活消费的生态足迹分析. 国土资源科技管理，2006（2）：100-103.

[7] 杨莉，刘宁，戴明忠，等. 哈尔滨市城乡居民生活消费的环境压力分析. 自然资源学报，2007，22（9）：756-765.

[8] 张根明，向晓骥. 湖南省城市居民生活消费的生态足迹分析. 消费经济，2006，22（3）：29-32.

[9] 于谨凯，李蒙. 基于IPAT模型的生态足迹测算及压力机制分析：以山东省为例. 山东经济，2011（3）：128-134.

[10] 杨开忠，杨咏，陈洁. 生态足迹分析理论与方法. 地球科学进展，2000，15（6）：630-636.

[11] 袁晓玲，雷厉，杨万平. 陕西省工业化、城市化进程中的能源消费变动. 统计与信息论坛，2010，25（8）：77-82.

[12] 成金华. 科学构建生态文明评价指标体系. 光明日报，2013-02-06（11）.

[13] 倪琳. 论“两型社会”建设视阈下生态消费模式的构建. 理论月刊，2013（3）：142-144，92.

[14] 高学余，饶丽. 从“文明餐桌”建设谈绿色消费引导机制建设. 江苏商论，2013（2）：29-31.

第6章 国外消费模式的经验与启示

不同国家的消费观念、消费工具和消费引导政策的差异，消费模式各不相同。下面以各国的消费模式和消费政策为例，探讨国外典型的消费模式、消费政策的特点和对我国的启示。

6.1 美国经验

美国人少地大，自然资源丰富。工业生产和生活消费是建立在廉价的、充足的能源供应基础上，消费模式追求高度舒适、奢侈型。在美国经济发展中居民消费起了主体作用。根据美国商务部的报告，全美个人储蓄率（个人储蓄率是指当年储蓄额占个人可支配收入的比例）在2006年4个季度均为负数。美国GDP的70%是由消费带来的。在我国，个人消费开支仅占GDP的35%。2007年13亿中国消费者支出约为1万亿美元，而同期3亿美国人的国内消费规模约10万亿美元。金融危机前，美国居民消费的主要特征：总体消费水平高、消费结构升级，以发展、享乐消费为主、消费信贷发达。随着美国金融风暴的冲击，特别是互联网的普及与电子商务的深入人心，美国居民消费发生了一些新变化。

6.1.1 美国消费模式的具体表现

美国的消费结构升级体现在“衣食”消费转向“住行”消费，继而向“康乐”升级的发展规律。随着人均收入水平的提高，与衣食相关的食品、服装等非耐用消费品的支出比重会逐渐下降，当人均收入水平进一步提高时，与出行相关的汽车、交通服务消费所占比重也逐渐下降；同时，与“康乐”相关的医疗保健、娱乐、保险服务会逐渐上升，教育服务和家庭服务则呈现大幅快速增长之势。生活消费追求“大”，生活设施消费追求独立性。从居民住房形态看，美国人大部分住在低密度住宅里，以单户独立住宅为标准方式。美国的人均住宅使用面积约 60 m^2，富豪家庭的豪宅、庄园更是数千平方米的屡见不鲜。从交通出行方式看，大力发展私人交通体系的国策，使美国居民交通、通信支出比重也比较高，客运总量中有 87.3%属于私人小汽车，航空客运占总客运量的 18.2%，公共汽车和轨道交通仅占 1.8%。居民从家庭到工作单位、学校、购物中心等都要驱私人汽车前往。为满足私人汽车的出行，美国政府修建了 6 300 万 km 的公路，足以绕赤道 157 圈。美国家用汽车的平均排气量为 2.8 L，其中排量在 0.66～2.0 L 的仅占 14.7%，排量在 2.0～2.49 L 的所占比重 30.1%；排气量在 4.5 L 以上的占 20.6%。全球汽车耗油量约占全球汽油消费量的 1/3，在美国约为耗油量 50%以上；从家用电器的使用上看，美国家庭以安装独立家用中央空调为主，中央空调占家庭总数的 69%。美国家用冰箱平均容积率为 500 L，大型和超大型冰箱所占比重达到 45%。追求过度消费的消费模式，导致了美国资源的浪费。美国采暖的能源消费量是日本的 3.5 倍，用于制冷的能源消费量是日本的 8.7 倍，人均私人汽车燃料消费量是日本的 1.69 倍。据美国能源部预测，未来 20 年，美国家庭供暖的能源消耗量将增长 14%。到 2020 年交通能源消耗量将上升 40%，美国人口不到世界人口的 5%，将消耗世界 1/3 的交通能源。德国人弗里茨·福尔维尔在《享乐主义造成负担》一文中具体分析了以美国社会为代表的发达国家过度消费给地球资源环境带来的危害。他指出，一个预期寿命为 80 岁的美国人，以平均消费而言，按目前生活水平，一生要消费 20 万 m^3 淡水、200 万 m^3 汽油、10 000 t 钢材和 1 000 棵木材。

如果地球上近 60 亿人这样消费的话，地球资源一代人就消耗殆尽。所以，这种消耗模式的弊端是人均资源消耗量高，消费资料利用率低。受金融危机的影响，美国居民消费发生了以下新变化：一是减少消费。非买不可的才买，减少了奢侈品消费。二是拣便宜。金融危机后，消费者更关注降价和甩卖活动，商家发出的打折券和优惠券的使用率明显增高；遇到基本生活用品有优惠价，开始出现囤积现象；大包装俱乐部会员采购更受青睐。三是降低档次，改用较低档次的品牌或购买更多的商店自有品牌。四是网络渠道正在成为新一代消费者的首选，智能手机被广泛应用于营销中。近年来，美国网络销售的增长速度大大超过了零售业的平均增速。移动互联网使智能手机拥有者比例明显上升，而且年龄越小的群体拥有比例越高。年轻人更乐意用手机发短信、逛网店货比三家、在网上购物并与朋友分享购物经历。

6.1.2　美国消费模式形成的原因

美国的消费模式是 2008 年国际金融危机的重要诱因。这种消费模式的形成既有其传统习惯的原因，也有其理论渊源和政府政策的引导。

6.1.2.1　来源于美国公众的传统习惯

在 20 世纪 20 年代以后，大众消费主义在美国社会居于支配地位。罗斯托认为，美国是第一个进入大众高消费时代的社会，消费主义不再局限于富有的“有闲”的社会阶层在物质生活方面的价值取向，而逐渐成为弥漫于整个社会的一种时尚观念，甚至全社会的“民主化的奢华”。在这种消费主义价值观的主导下，消费不再是一种手段，而是目的本身。第二次世界大战后，稳定的社会环境、发达的金融机构、完善的信用体系、信息技术广泛应用等诸多因素，使美国民众超前消费观念不断强化，超过自身收入水平的信贷消费发展飞速，这极大地增加了个人对消费品的消费量。

20 世纪 50 年代中期，信用卡和各种赊购账户出现后，迅速成为人们日常消费活动中几乎无所不在的支付手段，除买房子、汽车等耐用消费品外，甚至微波炉、电话等日用消费品有人都要赊购。就住房消费而言，美国房地产业的景气，激发了家庭对住房的旺盛的需求，金融市场的发达，使得购房者更依赖于长期贷款，资本市场的泡沫也维持着消费者的透支行为。70 年代以后，固定汇率的布雷顿森林条约体系解体，代之以浮动汇率货币体系；货币主义取代凯恩斯主义，成为美国政府制定政策的理论依据。美国经济高度证券化，金融衍生品交易过于活跃，导致人们收入虚高增长，助长过度消费。到 80 年代末，房地产抵押贷款已超过工商信贷占第一位，在个人消费信贷中也占第一位，更为甚者，一些贷款机构也向信用程度较差和还款能力不高的借款人，即次级贷款者发放信贷。自 1992 年以来，消费市场的规模不断扩大，个人消费开支一直保持平稳增长，1992—2005 年平均增长率为 3.6%，扣除通胀因素后的个人消费实际支出额从 1992 年到 2005 年增长了 59.2%。即使在 2001 年、2002 年经济出现轻微衰退期间，个人消费开支依然保持了 2.5%和 2.7%的增长。有数据表明，在 1994—2006 年，超过 900 万户美国家庭购买了新住房，其中大约 20%的家庭借助于次级贷款。2002—2006 年，美国家庭贷款以每年 11%的速度增长，远远超过了整体经济的增速。这为本次国际金融危机埋下了隐患。

6.1.2.2 美国政府鼓励消费

政府通过倡导居民多消费来增加财政收入，其政策体现如下：

其一是美国实行的是以累进所得税为主体的税制，联邦所得税就是累进税。税收减免方式有标准减免和定制减免两种。标准减免是将纳税收入减少固定的数量，当然，这个数量标准会随通胀程度有所调整。所谓定制减免是指只有符合一些法律规定的具体的消费才可以免税。税收政策是一项重要的消费调控手段，通过税收减免，刺激了投资和消费，达到了预期效果，见表 6.1。

表 6.1　美国各主要时期的减税政策及其效果

时间	主要政策及政策效果
20 世纪 50—60 年代 快速增长时期	肯尼迪政府采取了大规模的减税措施，个人和公司的所得税负担的降低刺激了私人消费和投资
20 世纪 70—80 年代 “滞胀”危机	里根政府进一步减轻了个人和企业的纳税负担，边际税率降到 20 世纪 60 年代以来的最低水平。个人收入的的减税重点发生了改变，过去减税对象是广大居民，以刺激消费需求为主；本次减税则以高收入阶层和投资者为主，主要目的在于促进储蓄和投资
20 世纪 90 年代 “新经济”	推行平衡财政政策。克林顿政府“重振美国经济”主张对企业固定资产投资实施税收优惠，将小企业长期投资的资本收益税减少 50%。同时，将个人所得税率从 31%提高到 36%，并对年收入 25 万美元以上的富人加征 10%的附加税，还提高了能源税、消费税、社会保险福利税等。税收政策的重心从强调消费转向强调投资
2001—2008 年	布什政府采取减税政策降低个人税收负担，减税的这笔钱中相当大一部分将用于消费。2004 年 10 月，美国通过了近几十年内规模最大的公司减税法案，该法案的减税金额高达 1 380 亿美元。此外，对退休、大学教育等方面也有不同程度的减免规定。如果国会不做出续延的决议，各项减税规定到 2011 年自动作废
2009 年以来	奥巴马总统签署了 7 870 亿美元经济刺激计划，资金总额中约 35%将用于减税，个人消费者可被提供 400 美元的税收抵免额度，每个美国家庭可获得 800 美元的税收抵免额度。此外，政府还将以社保支票的方式向退休人员、伤残老兵及其他不需支付工薪税的人员提供 250 美元的补贴

其二是美国政府大力扶持消费信贷业务的发展，出台了许多政策措施。例如，专门成立了房利美（Fannie Mae）与房地美（Freddie Mac）。房利美和房地美作为私人投资者控股但受到美国政府支持的

特殊金融机构，其主要业务是从抵押贷款公司、银行和其他放贷机构购买住房抵押贷款，并以关联贷款产生的现金流为基础，将部分住房抵押贷款证券化后打包出售给投资者，这样增加了贷款机构发放消费信贷的积极性，而消费费信贷的发展解决了消费者的流动性约束，进一步刺激了住房消费。“两房”是美国住房抵押贷款的主要资金来源，所经手的住房抵押贷款总额约为 5 万亿美元，几乎占了美国住房抵押贷款总额的一半。特殊体制间接鼓励了“两房”的过度投机行为，这也是造成美国国际金融危机的深层次原因。

其三是美国有着完善的社会保障制度。美国作为是最早实行市场经济的国家之一，市场机制已经相当完善，通过加强社会保障体系建设，减少了消费者的后顾之忧，提高了消费倾向。美国社会保障制度涵盖的内容广泛，包括社会保险、社会福利、社会救济三个部分。除了失业者可以领取失业救济金外，还包括以下内容：

①对抚养小孩家庭的救助（Aid to families with dependent children，AFDC），该项计划是指将救济金提供给因父母缺位、失业等而无能力抚养孩子的家庭，这项计划由联邦政府和州政府联合管理。1992 年，大约有 480 万家庭参与了这个项目，其中，54%有救济金来自联邦政府，其余的由州和地方政府提供。

②保险收入补助（Supplemental security inco，SSI），这是一个面向老年人、盲人或残疾人每月提供补助的联邦计划。该计划已为 95%的 65 岁以上的人口提供了保障。根据生命周期模型假设的财富替代效应，当政府建立起完善的社会保障制度从而有更多人可得到有保障的退休收入时，人们不必太多考虑生活中的不确定性，会把社会保障税看做取得这些未来收益的“储蓄”手段，他们在较为年轻时就会减少自己的储蓄，增加消费。

③公共医疗补助制（Mecicaid）。该计划覆盖范围广泛，包括住院和门诊病人的看护费、化验费和 X 光拍片费、医生服务费等，是针对低收入者的最大的消费计划。以上大部分服务对转移支付的接

受者是免费的。公共医疗补助制的支付近年来增长得非常迅速。

④食品票，即政府发放的用于购买食品的票证。食品票的直接成本是由联邦政府转移支付的，而该项目的管理（包括食品票发放）则由各个州政府来承担。1993 年，一个四口之家每月最大的食品票分配额是 370 美元。

⑤低收入家庭可以获得政府补助的房屋津贴，这是旨在为穷人创造居住公用住房机会的住房补助政策（Housing Assistance）。公用住房单元是由各地行政当局拥有和运行管理的，住房的建造成本和居住者一部分使用成本则由联邦政府提供补助。

⑥对中小农场主的农业补贴政策，使中小农场主的收入得到保障，从而稳定收支预期。

⑦受教育者，可以享受公立学校从小学至高中的免费教育。

这种完善的社会保障体系的主要目的在于改善低收入阶层的预期和福利状况，确保贫困人口的基本生活，调节人们的可支配收入和消费支出以及社会总需求水平。它有效地为美国民众过度消费提供了后续社会保障。

其四是政府采用货币政策来调控居民消费。美国的货币政策回顾如下：

①20 世纪 50—60 年代快速增长时期。

以宽松的货币政策来减少“挤出效应”，通过调低贷款利率，放松银根，刺激居民住房消费信贷。

②20 世纪 70—80 年代“滞胀”危机。

为稳定经济增长，适应抑制居民消费，实施包括控制货币供应量，取消储蓄存款利率上限的 Q 条例，鼓励银行吸引居民存款，压缩了居民信贷消费支出。

③20 世纪 90 年代“新经济”。

货币政策在对消费的调控中发挥了更大的作用，美联储通过对利率的及时微调，将货币政策的目标从单纯的稳定币值、反对通货膨胀转变为“持续的、无通货膨胀的增长”。

④2001—2008 年。

从 2001 年起，随着网络泡沫破灭，美国经济曾陷入衰退。美联储为了刺激经济增长，实施了宽松的货币政策，连续 13 次降低银行利率，房贷利率和汽车贷款利率也下降了，这使得家庭信贷购买耐用消费品的成本降低，有效地刺激了居民耐用消费品开支的增长。从 2004 年 6 月起，随着美国经济的反弹，国内通胀压力日增，美联储采取了紧缩性货币政策连续 17 次升息，控制通胀，抑制消费，但住房金融管制放松和资产证券化，导致美国房地产市场泡沫破裂，引发次贷危机，由次贷危机引发的国际金融危机由美国向其他国家蔓延，由发达国家向新兴国家蔓延，由虚拟国家向实体国家蔓延。

⑤2009 年以来。

美国联邦储备委员会 2009 年 3 月 18 日宣布，将在今后 6 个月内购进 3 000 亿美元长期国债；同时进一步购入 7 500 亿美元抵押贷款相关证券和 1 000 亿美元“两房”债券。美联储的此番举动，标志着美国正式实行量化宽松货币政策，美联储的“印钞”救市方案有望提振经济成长。

其五是运用投资、产业政策鼓励消费。投资需求是在消费需求基础上派生的，鉴于投资需求的性质是生产性需求，从再生产的角度看，两种需求的关系也是消费与生产关系的体现。由于供给来自生产，消费支出又从根本上决定了需求，因此在市场上，消费与投资表现为需求与供给的关系。消费与产业发展也有着密切关系。瑞典经济学家林德认为，每个国家都存在一个代表性的需求水平，它表明了一国平均的收入水平或大多数人的收入水平。这种收入水平的代表性消费品是各国消费品产业发展的主导，生产才容易达到规模经济。美国的具体政策实践表现在：如 20 世纪 90 年代为改善供给结构和能力，克林顿政府重点发挥投资在推动技术进步和产业结构升级的供给作用，通过增加政府研发经费和积极鼓励企业从事开发性投资，美国形成了国家研究机构、学校、公司三位一体的研究开发网络，科技创新优化了产业结构。而产业结构的合理化在影响居民消费行为和消费结构方面也有着明显的影响。

其六是美国政府很重视用就业政策来缓解结构性失业。美国政府很重视增加对教育、培训的投资，提高了劳动生产率，创造了更多就业，推动工资水平的提高的同时又不引发通胀，促进了个人消费水平提升。一个著名的项目是培训项目是工作机会和基本技能项目（Job opportunities and basic skills，JOBS），它作为一个覆盖全国范围内的项目，旨在增强家中最小的孩子至少 3 岁以上的 AFDC 父母的劳动技能。还通过及时发布劳动力市场的信息，为劳动力的流动提供了方便。

特别值得一提的是，在全球化浪潮的推动下，美国充分利用其先进的技术、雄厚的资本和发展中国家廉价劳动力资源所形成的世界分工体系，使财富效应积累过度，产生了巨大的“消费泡沫”，成为世界上最大的消费国家，尽管其公民每年消耗的自然资源是任何其他国家都望尘莫及的，但政府在突出节能环保政策的消费调控作用方面还是有所作为的。20 世纪 70 年代尤其 90 年代以来，美国政府深刻认识到消费与环境不协调发展所带来的危害性，开始意识到节约能耗和环境保护的重要性。为实现经济绿色发展，其环境保护战略也从原来的事后治理转向事前预防。在过去数年间，美国政府共出台了若干个政策或计划来推动节约环保的绿色消费。

①加大公共财政支出。美国联邦政府用于节能和新能源的投资预算逐年增加，大幅度增加对技术改造项目的奖励，优化结构，提高能源利用效率，走绿色发展道路。2001 年财政投入为 11.8 亿美元，2003 年增加到 13.1 亿美元。

②实施设备能效标准、标识和论证。从 1980 年开始，美国实施了强制性能效标识制度。并由能源部负责制定和实施能效标准，强制性最低能效标准一方面作为新产品准入市场的最低门槛，以此鼓

励厂商生产节能产品，另一方面引导消费者购买节能产品。

③出台激励政策。从 20 世纪 70 年代开始美国逐步推行绿色税制，其绿色税收种类较多，涉及能源、日常消费品和消费行为等多方面。美国政府曾在 2001 年财政预算中，对新建的节能住宅、高效建筑设备等实行减免税收政策，以此来引导消费者购买节能建筑、家电及汽车。此外，能效的高低会不同程度地影响到房地产开发商的成本支出和消费者的购房成本，所以美国政府还实施了“分级”机制的激励措施。2005 年 9 月布什总统签署的一份新的能源法案，首次以立法提出了促进消费者节约能源。该法包括了一个 13 亿美元的个人节能消费优惠预算方案，鼓励人们使用零污染的太阳能等清洁能源。消费者如果购买较节能的混合动力汽车或柴油车，将少支出 3 500 美元。除了联邦政府，美国各州政府也根据当地的实际情况，分别制订了地方节能产品税收减免，鼓励使用清洁能源或可再生能源消费政策。如美国加利福尼亚州的节能型洗碗机、洗衣机、水加热设备，减税额度在 50～200 美元。又如该州规定新建的住宅必须安装太阳能发电设备，而安装地热采暖系统和太阳能水加热系统，减税最多可达 1 500 美元，2010 年可再生能源发电将占整个发电量的 20%。

④推行环境标志制度，大力扶持环保产业的发展，以及环保规则在对外贸易领域的广泛运用。环保局 1999 年还公布了《环境友好型产品采购指南》。

⑤推行垃圾分类回收鼓励政策。在遍布全美各地的大中型超市门口，都有包装罐自动回收机。在超市购物前，人们可根据操作指示，自行将使用过的铝罐或塑料罐进行分类倾倒、压缩。回收完毕，回收机就会打印一张小票，上面有这次回收的数量、种类、金额。持有打印凭条后，人们可在超市的总服务台当场领取退款。这项开支是由美国各地财政对超市进行专项补贴的。通过这项措施，积极鼓励了公众对环保事业的支持。有数据记录，20 世纪 80 年代，全美

共有 10 万个铝罐回收点，1987 年回收铝罐 60 亿个。

6.1.3　美国消费模式的影响

在过度消费的大背景下发生的美国次贷危机，成为全球性金融危机的导火线。在美国消费模式影响下，一些国家也仿效美国人加入到过度消费大军。若这种消费模式在世界蔓延，将加剧资源尤其是能源的耗费，有专家预测，世界石油和天然气资源将面临着 40 年后和 70 年后枯竭的危险；CO_2 和 SO_2 废气排放量增长，使温室效应加重，自然灾害发生频率增大。本次全球金融危机，在某种程度上也可以说是美国消费模式的危机，也进一步证明了绿色消费模式在经济发展中的重要作用。美国政府已经意识到这一点，也在采取一定的措施。同时，美国民众也不得不改变长期形成的消费理念和消费方式，尽可能地减少消费开支。特别是近几个月 130 万份工作岗位的撤裁、数百万房屋赎回权的丧失、经济衰退加深的预期都让节俭成为了美国人新的生活主流，表现为很多家庭从大房子搬出住进小房子，由乘坐大排量汽车改为乘坐中小排量的汽车，各类银行也积极推介各种吸引存款的政策。2008 年 11 月公布的数据显示，美国消费者 10 月的开销下降了 0.5%，这是连续第五个月的下滑，而个人存款率却上涨至 2.4%，美国消费转型的态势开始出现。正如美国价值观学会主席戴维·布兰肯霍恩所说：“在过去的几十年中，多数人对金钱的思维方式很相似，即以负债为导向，花得比挣得多……这种思维方式已渐渐终结”。从此次金融危机可以看到，美国的过度消费模式的弊端。我国消费模式应寻求一种均衡适度的消费模式——绿色消费模式，即在消费支出和收入之间寻求均衡，消费支出没有必要低于现实收入水平，但不能过度超出自身支付能力的范围。

6.1.4 美国消费模式的启示

美国的消费模式特点是总体消费水平高、消费结构以发展、享乐消费为主、消费信贷发达。这种消费模式是建立在美国强大的综合国力、丰富的资源基础和有限的人口规模基础之上的。我国年轻一代的消费者逐步呈现出一种“快生活+快捷消费”的状态，美国人积极消费的观念、不断进步的消费方式，对我国居民更新消费理念和提高消费水平和效率，无疑具有重要的参考价值。但引以为戒的是，在美国的消费模式影响下发生的美国次贷危机，成为全球性金融危机的导火线。若这种消费模式在世界蔓延，将加剧资源尤其是能源的大量耗费，加重温室效应。本次全球金融危机，在某种程度上也可以说是美国消费模式的危机，充分暴露出了其存在的致命缺陷，也进一步证明了绿色消费模式在经济发展中的重要作用。美国的消费模式对于中国显然不适用，同时，我国应加强对现有投资理财渠道的监管，合理开发金融理财工具和产品，营造健康的股票、债券和保险投资市场，完善信贷市场，根据不同人群制订不同的信贷政策。因此，应当趁目前我国大众对美国过度型消费模式还处于仿效阶段，尚未成为习惯之时，应以一种科学合理的消费模式对大众进行引导和规范。

6.2 瑞典经验

6.2.1 瑞典消费模式的溯源与形成

瑞典地广人稀，瑞典国土面积 45 万 km^2，2009 年 6 月，瑞典全国人口约 888 万，自然资源很丰富，铁矿总储存量达 40 亿 t，在欧洲居第二位，含铁率高达 60%～70%，是世界上最富的铁矿之一。该国有“森林王国”和“湖泊王国”之称。瑞典的森林覆盖率达 57%，水力和矿藏资源丰富。瑞典是民族成分比较单纯的国家，90%为日耳曼族瑞典人，北部有芬兰族约 3 万人，拉普族近 3 万人。团结一致、组织性强和政治稳定是瑞典长期形成的特性。瑞典是世界上最富裕的国家之一。

瑞典的消费模式的特点是社会福利型。其社会保障制度有其特殊的社会和历史背景，首先是中世纪英国颁布的“济贫法”，德国建立了完备的社会保险制度；其次，经济大萧条使得瑞典工人大批失业，推进了瑞典社会保障制度的出台。20 世纪 70 年代初，由于世界资本主义的繁荣和国内工人阶级运动的发展，瑞典以“充分就业”和“普遍保障”等福利国家的基本原则作为核心政策，建立了一套以社会保障制度为主体的福利制度，成为世界各国竞相学习的榜样。瑞典居民消费品中，不动产和高档耐用消费品居多，瑞典家庭储蓄率与其他发达国家相比是较低的，它的高消费、低储蓄的消费模式与高福利密切关系。社会保障和福利政策是瑞典经济的最大特色。瑞典建立了广泛的由高税收支持的公共服务机构，如医疗、教育等，还有其他覆盖社会各个角落的各类社会福利和保险体系，是真正的“从摇篮到坟墓”的福利制度。这些保障主要分为五大类：

一是儿童和教育保障。瑞典的儿童福利津贴制度建设始于 1947 年，免费教育是儿童福利服务的一大亮点。通过典型的津贴加服务的福利模式，瑞典从资金补贴和福利制度建设两个方面满足儿童成长的需要。其中，儿童福利制度建设主要体现在儿童津贴制度的建立和相关税收优惠政策的出台，如儿童津贴、生育补贴、税收优惠措施等。在瑞典，中小学生均可领取优厚的生活津贴、学习补助及免费午餐。津贴具体可分为 4 个部分：①16 岁以下儿童每月有 950 克朗的普通补贴；②发放给 16 岁及 16 岁以上的初中生每月 950 克朗的扩展儿童补贴；③附加儿童补贴，发放对象是有 3 个或更多孩子的家庭；④学生补助，上高中的孩子每月可领取 950 克朗补贴，一年共计发放 9 个月。此外，瑞典的大学生每个月可获得助学金和低息学习贷款，其在教育方面的福利制度推及到外国留学生，来自各国自费生在瑞典也能享受免学费的优厚待遇。

二是医疗与病休保障。瑞典拥有全国性的医疗保险制度，其医疗服务体制为中央政府、省级管理委员会和市级管理委员会三级管理。在生病期间，人们不仅可以享受近乎免费的治疗，而且还能从病休的第二天起就领取到工资近80%的病休补贴。

三是失业保障。失业者从失业的第六天起从国家得到原工资的80%的失业救济，所有年龄在18～65岁的失业者可从失业保险基金中得到补助。

四是住房保障。政府每年会向低收入的有孩子家庭和退休者家庭提供住房补贴。

五是养老保障。全国所有人无论有没有工作过都可以在年满65岁后领取到最低限额的养老金。老年人退休后，退休金加住房津贴和附加补助，可达到原工资收入的2/3。有数据表明，每年国民户身上的“转移性收入”约相当于瑞典全国工资收入的50%，政府的社会保障支出曾占其GDP的近50%。瑞典的高福利在营造消费模式方面发挥了重要作用。

瑞典的社会保障制度概括起来有两个特点：①社会保障制度支付费用的内容广、水平高。强制性的社会化使每个人都必须参加统一的社会保障系统，并能享受由国家统一提供的各种社会保障。②在社会保障制度方面，国家、地方自治政府发挥的作用大。这种社会保障制度在国民消费模式构建中发挥了巨大的作用，但瑞典的这种消费模式也导致了著名的“瑞典病”。具体表现在：一是国家财政接连出现了赤字，经济增长减缓，由于高福利致使支付的社会保障费用不断上升，维护社会福利成本和与社会保障有关的费用给财政带来巨大压力，瑞典的国家财政接连出现了赤字。而且，瑞典福利增加超过了其经济增长能提供的现实能力，从而在20世纪90年代初时，经济增长减缓，生产效率低下，这就是广为人知的“福利国家”中的“抑制积极性”现象。二是通货膨胀加剧，通货膨胀使瑞典企业产品成本全面上升，企业竞争力衰退，劳动力价格偏高，大批的瑞典人脱离劳动市场，失业问题日渐严重。瑞典高福利制度导致了财政约束、微观经济活力不足、“瑞典病”和道德公害等制度危机。瑞典政府为应对危机，自 20 世纪 90 年代以来，被迫进行了一系列社会福利制度改革，例如，2003 年 10 月瑞典中右联盟开始执政以来，新政府实施了包括减少向失业人口发放福利金，下调所得税税率、社会福利地方化改革、引入社会保障竞争机制与私营化等一系列改革措施，这体现了瑞典政府在新自由主义思想指导下的资本主义制度范围内的改良。

6.2.2　瑞典节能环保政策的具体做法

6.2.2.1　政府在资源节约和环境保护中起着关键作用

社会规划是自然资源有效利用和预防环境问题的重要手段，它的指导原则是促进生态循环社会的发展。在瑞典，政府特别是地方政府在资源节约和环境保护中起着关键作用，它的重要任务是把联合国里约环境与发展大会的行动计划——《21 世纪议程》转变成地方行动计划，对地方的环境工作进行全面的战略性控制，诸如强调水土利用必须以促进环境长期健康发展的方式来进行，预防水污染和空气污染，节约用能和用水，生态循环原则在其中居于首要位置。市政当局也负责制订处置各类废弃物的总体计划。

促进绿色消费与生产模式的建立，需要广泛的控制手段，包括更加严格的经济控制、环境相关信息的披露、产品的回收责任、符合环境要求的采购。瑞典有系统的发展生态循环经济的综合产品政策、化学品政策和废弃物综合管理政策。在环境政策实施中，瑞典更多地采用经济控制手段，以及促进现行的环境标志与认证制度间的协调，为消费者提供关于产品回收的重要信息；在公共采购工作中，奉行环境保护原则，以促进环境友好产品的开发。为减少人口消费对资源环境负面影响方面，包括瑞典在内的北欧各国都实行“紧凑型”城市发展模式，集中建造环保节能型住宅，使能源消耗大为降低。节能住宅里卫生间排出的污水，经处理后部分会成为沼气供公共汽车消费，另有部分转给厨房用作炉火使用。生活废水被处理产生的热量，还可被能源部门利用，也可用于提取供暖。另外据瑞典政府工业部网站 2009 年 8 月 6 日报道，瑞典政府决定投入 550 万克朗启动一项城市环保木质建筑推广项目，其目的是在瑞典推广现代工业化的、气候适应型的木质建筑。该项目为期 3 年，是瑞典政府对绿色发展城市投入承诺的一部分。瑞典工业大臣 Olofsson 表示，政府将通过推广环境友好型建筑知识，发展新技术和新产品的方法，在瑞典创造更多的就业。该项目将涉及瑞典全境的 20 多个城市。

6.2.2.2 实施废弃物分类管理政策，处理废弃物方法独特

瑞典地处北欧，有 1/6 的国土位于北极圈内，可供万物生长的日期比大多数国家都短，这就使得瑞典的生态基础较其他国家更脆弱。但是每一个来瑞典的游客都会有一个印象，不论是人流如梭的机场、火车站，还是偏远的乡村小道，总是特别干净。

首先，在消费和生产环节尽可能产生更少的废弃物，减少资源消费和有毒物质的扩散。减少危险废弃物是政府行使废弃物管理权的重要手段，瑞典政府明确了市政当局对家庭产生的危险废弃物的处理责任，规定大多数有害物质应当逐步停用，仍在使用的物质应当安全处置，并对危险化学品的长期储存提出更高要求。

其次，对于不能避免产生的废弃物，实施循环回收利用，通过不断提高废弃物处理技术，以提高回收效率。在瑞典一个名叫 Hammarby 的小镇的街道上，有一种神奇的垃圾桶。这种垃圾桶的废弃物处理技术堪称世界一流，其构造如同成排的树木一样，分为地

上和地下两部分。地上部分由 3 个垃圾桶构成，上面分别贴有蓝、绿、黄 3 种不同颜色标签，代表了报章废纸、食物垃圾和可燃烧垃圾；标签的作用在于提醒人们对垃圾进行分类丢弃。地下部分，则是垃圾的抽吸系统，它如同大树的“根系”一般在地底交错。垃圾被回收以后，将暂时在地底堆积，而后定时和其他在不同时段被投入的废弃物一起，通过各自类属的真空管道，以每小时 90 km 的速度，被负气压抽吸至 700 m 外的垃圾集中站进行处理。这种垃圾桶的投入使用，实现了政府、企业、居民的三方共赢，由于无须工人进行繁重的垃圾车清理和搬运工作，使得政府在人力和减排方面的压力大为降低。这套垃圾系统完全由电脑程序操作，并且可以实施远程监控。与之配套的，还有供水排水循环系统与能源供应循环系统，相互间构架起一座生态城的典范。在瑞典其他各地，垃圾的分类还有很多细分小类。一些小区垃圾房甚至有 8～10 个不同的箱子，每个垃圾箱上都有清楚的标识。如果有一件商品消费者觉得不再需要了，就可以放到一个公用的“交流废物间”里以供其他人选用，通过这样的交流方式，大大促进了物尽其用。瑞典人对待废弃物的一个办法是，在产品的说明上详细标注如何将该产品在使用后进行回收。例如，一般电子产品生产销售之前，必须有完善的回收处理设备和流程，并应在说明书上载明如何该产品进行回收处理，这也是欧盟针对电子产品回收制订的环保指令《关于报废电子电气设备的指令》（WEEE）的核心内容。瑞典早在此规定之前，就构建了完备的生产者责任回收体系。有报道称，2007 年瑞典人均回收 17.4 kg 的电子废弃物，是欧盟规定的 4 倍多。另外的方法是对包装物的鼓励回收。瑞典在环保方面的政策为其环保成果得以维系提供了重要保障。在瑞典，饮料有各种各样的包装形式，以塑料瓶、玻璃瓶、铝罐居多。瑞典政府为了确保饮料包装的回收率，制定了“押金回收”制度。任何饮料瓶的标签上都会标示这个饮料瓶的押金，规定消费者购买饮料的时候，必须先支付押金。饮料瓶的回收很方便，同美国一样，一般超市门口都有专用的回收机器，消费者把废弃的饮料瓶分别投进回收机后，回收机则将回收物的种类、数量、金额以小票的形式自动打印输出。凭这张小票，消费者可以在超市退款或者在购物时直接抵扣购物款。

再次，对无法回收的废弃物进行焚烧并利用其能量。2008 年，瑞典 48.5%的垃圾通过全国 22 个垃圾焚烧中心集中焚烧处理的，垃圾焚烧产生的能量，大多数被用于取暖。

最后，在既无法回收材料，又无法回收能量时，废弃物应当通过填埋进行合理处置。

6.2.2.3 逐步形成环境友好的能源消费体系

1990—2006 年，瑞典国民生产总值增加了 44%，但是温室气体排放量却降低近 9%。瑞典政府主要采取了以下措施来逐步形成了一套环境友好、温室气体排放较小、价格相对合理的能源模式。

①采用绿色电力认证系统。从 2003 年 5 月起，瑞典依据《瑞典认证法案》开始实施绿色电能认证体系，该法案规定每采用可再生能源产生 1 000 kW·h 电，就可得到 1 个认证数，加入认证体系的各电厂依据其采用可再生能源生产的电量多少从国家电网公司得到相应的认证数。该法案还规定了每年可再生能源电力的配额。认证的绿色电能企业包括风电发电厂、太阳能发电厂、生物质能发电厂、地热发电厂等。对电厂而言，使用可再生能源生产的电力越少，得到的认证数就越少，若电厂得到的认证数未达到配额要求，则或者需在当年花钱购买一些认证数，或者按照认证数平均价格的 1.5 倍支付罚款。反之，使用可再生能源生产的电力越多，得到的认证数就越多，若电厂得到的认证数超过配额要求，则可以在市场上出售多余的认证数，其交易所得的额外收入就越多；绿色电力认证系统的实施鼓励了各电厂积极采用可再生能源生产电力。

②对环保型汽车提供优惠与补贴。该国优先发展公共交通，鼓

励居民多使用节能交通工具和公共交通工具。与美国相比较，瑞典每千人拥有轿车 450 辆（美国为 586 辆），比美国少了 136 辆，每辆轿车年消耗汽油 1.3 t，也大大低于美国。瑞典可能是在化石燃料的“断奶”方面走得最远的国家。如今，瑞典只有 30%的能源靠石油支持，与 1970 年的 77%相比，下降了许多。2007 年，瑞典市场上销售的轿车中有 15%是以乙醇为动力的，而 2000 年这一比率仅为 2%。为了促进环境友好的绿色汽车的使用，采取了诸如降低环境友好汽车购置税、免费停车、强制要求大型加油站至少提供一种可再生燃油等措施。从 2007 年起，瑞典政府对使用生物能源的汽车进行了 10 000 克朗（约 1 500 美元）的补贴。

③对不同行业征收不同 CO_2 税。瑞典是世界上最早开征环境税的国家，它的绿色税收规模较大，约占其 GDP 的 13%。主要是对能源及对其他与环境有关的物品征税。税收主要针对包括煤、石油、天然气等在内的化石能源。瑞典对不同行业采用不同 CO_2 税率。交通是瑞典化石能源使用量和 CO_2 排放的主要领域，2008 年，瑞典将交通领域 CO_2 税增加了 60 克朗/t，提高至 1 010 克朗/t，约合每升汽油增加 0.29 克朗税。这项措施的结果，使得更多的私家车主以使用生物燃料的方式减少 CO_2 排放。

④因地制宜开发使用本国特色的能源，大力发展生物质能源、水力发电及核电，并开始关注风力发电。这既减少了化石能源的进口，又减少了温室气体的排放。如今，这个国家只有 30%的能源靠石油支持，与 1970 年的 77%相比下降了许多。所以说，在所有工业国家中，瑞典可能是在化石燃料的“断奶”方面走得最远的国家。

⑤能源管理系统是 2003 年瑞典采用的一套能源管理的标准，该系统能够使企业更容易地检查、规划和安排其能源使用量，确保能源使用和消耗合理。

6.2.2.4 企业积极履行社会责任的实践促进经济社会的绿色发展

在资源利用和环境保护方面，瑞典企业也在积极履行社会责任，以促进瑞典经济社会的绿色发展。具体表现在：第一，建立以“生产者延伸责任”为基础的循环经济体系，对产品整个生命流程承担责任。瑞典企业界与政府一起对能源环境领域进行大量了研发，瑞典的许多企业将环境因素纳入了产品研发和工艺设计的前端，潜心设计各种减少废物产生、资源消耗和提高可再生性的产品，改造业务和管理流程，积极采用有利于产品废物回收、再生的材料和工艺。一些公司还开展了环境审计，从环境的角度对其活动进行评价，这有助于保证减少排放，保证产品设计考虑到资源的循环利用。第二，供应链体系的上下游企业协手合作建立共担社会责任的合作共赢机制。具体做法包括：建立上下游企业可追溯体系，贯彻供应链体系全过程的一致性标准，签订与供应商的责任契约，确保彼此间共同承担社会责任。建立对供应商的核查和评估机制，确保共同履行社会责任的一体化战略的实施。

6.2.3 瑞典消费模式的启示

瑞典的社会福利型消费模式，瑞典实行高工资、高税收、高福利政策，公共服务和社会保障体系在营造消费模式方面发挥了重要作用。我国的社会保障的主要作用在于稳定消费者预期，保障居民基本的生活权利。在现阶段，我国应强化政府的主体责任，加快推进覆盖城乡居民的、与社会经济发展水平相适应的中国特色的社会保障体系建设，并以平等原则作为社会保障制度的价值标准，从瑞典社会保障体系的发展历程看，平等作为社民党思想体系的基本价值观，始终贯彻于其福利制度的实践始终。同时也应注意，瑞典是一个人口较少的国家，而我国是一个人口大国，中瑞两国经济发展水平也不一样，因此我国在借鉴瑞典经验时，要注意分析其利弊，特别规避“瑞典病”对经济社会的不良影响。瑞典节能环保政策的具体做法，诸如政府和企业在维护资源节约和环境保护的作用，消费者环境保护的意识、先进的废弃物处理技术、环境友好的能源消费体系，既使消费者的主权得到尊重和保护，又保证了全社会的消费质量，降低了资源耗费，提高了消费效率，也适合中国参考和借鉴。

6.3 日本经验

以日本为代表的是一种有一定资源忧患意识的“两型”消费模式。日本是发达国家，尽管总体消费水平接近美国和欧洲，但作为一个人多地少的岛国，日本的人均占有的土地、矿产等自然资源明显低于世界平均水平，特别是 20 世纪 70 年代的两次石油危机沉重打击了严重依赖进口能源的日本经济，引发了日本国内的通货膨胀。严酷的现实迫使日本政府重新认识自己的国情和资源条件，与美国有所不同，日本消费调控具有明显的抑制消费的特点。特别是战后到 80 年代初期，日本消费调控的重点是鼓励储蓄，抑制消费，增加供给。通过这种政策导向，使日本保持了较高的储蓄率。为了引导居民走向节约型消费之路，日本政府制订了如下发展战略来有效促进商品消费的节能节材，成为世界绿色消费的典范。

6.3.1 日本消费模式的特点

高储蓄率、加上不愿借贷消费和强调节能节材消费，在日本社会基本上形成了追求生活舒适性的同时又相对俭约的消费模式。其消费模式表现为：

6.3.1.1 生活消费追求节约

以住房为例，在日本，人均住宅使用面积大约只有 30 m^2，以大量的公寓住宅为主。从节能方面看，日本从 20 世纪 50 年代起就始终提倡使用节能和节材产品，迄今为止，日本商品的节能和节材水平均位于世界前列。从家用电器的使用上看，日本家庭以使用分体式房间空调器为主；自 20 世纪 90 年代以来，日本家用冰箱、电视机和空调的平均能耗水平分别下降了 70%、12%和 50%。从汽车排气量上看，日本家用汽车的平均排气量为 1.2 L，其中排气量在 0.66～2.0 L 的占 53.4%；排气量在 0.66 L 以下的占 20.5%；排气量在 2.5 L 以上的仅占 11.2%。

6.3.1.2 生活设施共享性强

政府极力提倡节能交通体系的建设。日本主要的城市间及城市内部的交通运输工具是铁路，可以说，密如蛛网的公共交通网络遍布日本各地，日本人约有 27%的出行是利用轨道交通。

6.3.1.3 日本民众有着强烈的资源忧患意识

第二次世界大战结束以后，一些全国性的消费者团体在日本如雨后春笋般成立了。比较著名的团体如消费科学联合会、消费者团体联合会、主妇联合会、消费者联盟、生活协同组合联合会等。这些消费者团体的目的和宗旨大体相同，都是向消费者普及正确的消费知识，提高消费生活，进行资源节约和环境保护的运动。如消费者联盟认为，作为最终消费者的人类，拥有地球存亡的决定权，应该对于每天的生活是什么，消费什么，所有生物的生存是什么这些根本问题进行反思。20 世纪 70 年代以后，节约资源能源和环境保护问题成为消费者运动的内容。消费者纷纷对于经济高速增长期的大量生产、大量消费、大量废弃的生活开始重新审视。20 世纪 80 年代，创造了高速增长的神话的日本，在过剩经济下，虽然积累了雄厚的物质资本和人力资本、虽然倾其所能地扩大内需，但只能深陷衰退、难于自拔。为什么？因为少子老龄化的加速，使得人口不再增长，曾经拉动经济增长的汽车、房地产、电子通讯等支柱产业很难在老年人众多的国度找到市场。高龄化给社会带来了一系列问题。面对这样的问题，消费者团体开展了多方面的运动，并着手修改消费者条例。随着人们环保意识的觉醒，保护环境和遏制公害的绿色消费运动被广泛开展。进入 90 年代，日本的消费者团体更加关注食品和粮食的安全保障、高龄化、信息化的对策，公害环境问题及消费者运动的国际合作等。这些使日本的消费模式正在走向绿色的“两型”消费模式。

6.3.2　日本促进绿色消费政策的主要内容

日本制定了最为全面的可以遵循的绿色法律体系，深入到了消费的主体、对象、过程以及生产等各个环节，为实施绿色消费创造了良好的法律环境。其绿色法律体系大体可分为三个层面：在基础层面上有一部基本法，即《促进建立循环社会基本法》；在主体层面上有两部综合性法律，分别是《促进资源有效利用法》和《固定废弃物管理和公共清洁性》；在分支层面上则有 5 部具体法律法规，分别是《建筑及材料回收法》《促进容器与包装分类加收法》《绿色采购法》《食品回收法》及《家用电器回收法》。

日本十分重视政府在实施绿色消费过程中的巨大作用，提出政府作为消费的主体进行绿色采购来拉动绿色消费的构想。日本出台了《绿色资源购买法》，以法律的形式将中央政府部门及独立行政法人绿色采购政策固定下来，规定所有中央政府所属机构必须制订和实施年度绿色采购计划，并向环境部提交报告，地方政府要尽可能地制订和实施年度绿色采购计划。以上做法以政府强大购买力为依托，通过与绿色环保企业签订优先采购合同，来引导和支持环保企业生产绿色产品。而且同一时期还出台了绿色消费基本计划，作为指导绿色消费的具体行动指南。有关统计表明，日本政府每年的绿色采购消费支出约占国内总消费的 20%，如此巨大的政府绿色消费行为形成了实施绿色消费的巨大推力。

6.3.2.1 制定激励政策来促进绿色消费

企业生产绿色产品是实施绿色消费的基础和前提。日本政府出台了一系列补贴、税收减免等激励政策有力地推动了生产绿色产品企业的发展，促进了绿色消费的推行。从 20 世纪 90 年代至今，日本政府一直对采用环保技术生产绿色产品的企业进行补贴。在财政预算方面，为了支持中小企业生产绿色产品，日本政府对中小企业绿色技术研发进行补贴，补助技术开发费用率最高可达 50%以上。对生产绿色产品的新兴产业，日本政府的补贴力度更是不遗余力，对技术开发期在两年以内的新型绿色企业，补助率最高可达费用的 70%。在融资方面，日本政府规定日本政策银行、中小企业金融公库、国民生活金融公库必须对生产绿色产品的企业提供低利融资，以充分保障生产绿色产品的企业有充足的资金进行发展。并且，日本经济产业省每年拨款 380 亿日元，用于补贴家庭和楼房使用购置能源管理系统等。

6.3.2.2 重视节能宣传

日本绿色消费的蓬勃发展在很大程度上归功于政府在政策宣传方面所做出的长期努力。日本政府则组织以“3R”为主题的群众性公益活动，倡导使用绿色包装和废物回收再利用。政府开展“节能日”“节能月”活动在全国范围内推广节能新技术、新产品，并在每月的第一天对节能活动进行评估。在每年 2 月的节能月活动中，会面向广大消费者举办能源效率展览等大型活动，教育消费者从生活点滴做起，通过自己的节能行为改变消费模式。同时，日本各媒体还经常举办一些以节约为主题的节目。这些节目通常是寓教于乐，如介绍某明星如何用 1 万日元过 1 个月生活，在明星效应感召下，这类节目的收视率非常高，也带动了更多日本人学习在生活中如何节约的窍门和方法。

6.3.2.3　实现垃圾收费服务

日本有 40%的社区实行垃圾收费服务。该项收费服务可引导人们自觉拒买包装过度的产品。有统计数据表明，实行垃圾收费服务的地区，垃圾排放量减少了 15%。

推行设备能效标准和标识。日本的有关法律规定，各种家电要标写清楚是否达到节能最高标准，日本的节能中心每隔半年也会公布一次节能家电排行榜，以便让消费者选购时做到心中有数。为引导消费者购买节能家电，在商店销售的电器，在标明价格的同时，也要把节能效果换算成电费标出。顾客的选择又往往促进厂家研发新一代节能技术产品。

6.3.3　日本消费模式的启示

以日本为代表的是一种有一定资源忧患意识的“两型”消费模式。其消费模式的特点表现为：生活消费追求节约，生活设施消费共享性强。日本节能环保政策的主要内容包括：重视节能宣传，制定法律和激励政策节约能源，推行设备能效标准和标识以及实现垃圾收费服务。日本民众有着强烈的资源忧患意识和环保意识，节约资源能源和环境保护成为消费者团体开展运动的主要内容，体现了一种消费的社会责任感。

6.4　德国经验

德国在国际层面上积极承担责任，参与了联合国的马拉喀什进程，主导了欧盟的可持续消费事务，积极响应 2008 年欧盟委员会提出的“欧盟行动计划”，在政府职能手段上主张：重新修订欧盟生态标签规则；实施增值税差异化；通过绿色产品在线研讨会等形式的宣传教育来保护消费者免受广告误导；政府应通过绿色采购来为绿色消费树立榜样带头作用。德国在整个欧盟国家中对于可持续消费战略的实施成果卓著。

在国家层面，德国可持续消费主要是通过联邦州与企业和公民之间建立“对话进程”来实现的。例如，2013 年 11 月 4 日至 5 日，在柏林举行的题为“通过与企业和社会创新相结合来形成可持续型的生活方式”的活动，旨在探索可持续的生活方式和企业家精神。作为第一个实行环保标识的国家，根据一项民调显示，100%的德国民众愿意购买“蓝色天使”标识产品，68%的民众甚至愿意支付较高代价来购买并支持这类产品。针对可持续消费的政策所对应的投入时机和领域的问题，通过将更多的资金调整到了产品生产周期的前期，重视“污染预防”，提高了政策的有效性和针对性。

6.4.1 税制改革

为了鼓励人们使用公共交通工具或共用个人汽车，德国的交通运输部门对车型征收高额的燃油税和车辆税。在欧盟各国中，德国征收的燃油税是最高的。自推出此税以后，每年燃料消耗下降 3 个百分点，而此前数十年燃料消耗持续上升。尽管德国车辆行驶里程不断增加，但燃油消耗量却比税制改革前约减少 17%。此外，德国政府于 2001 年推行了关于生态税的改革。生态税是对那些在生产过程中使用了对环境有害的原材料，或者消耗了不可再生资源的企业增加的一个税种。生态税主要是用来减少温室气体排放以及补充养老金，其余的一些收入则用来补贴可再生能源。德国政府根据不同稀缺度而为不同的资源制定各自的生态税税率，从而有效地调节企业对稀缺资源的需求，促使企业采用先进的工艺和技术，改进生产模式和升级产业结构。生态税起到了为德国能源消费“节流”的作用。

6.4.2 收费制度改革

在德国部分地区实施按户征收垃圾处理费，如巴伐利亚州，每个家庭按其所选择垃圾回收桶的大小交纳垃圾处理费。其中，3/4 的家庭选择了 60 L 垃圾回收桶，每年交纳 128 欧元。据德国环保部统计，实施垃圾收费政策后，居民家庭的餐厨类垃圾大约减少了 65%。为了推动包装品回收，德国实施了抵押金返还政策。《包装及包装废弃物管理条例》规定，强制性的抵押金制度只针对一次性饮料包装回收率低于 72%的产品。以饮料为例，顾客在购买 1.5 L 以下易拉罐包装的饮料时需要支付 0.25 欧元；当容器容量超过 1.5 L 时，则需要支付 0.5 欧元。顾客按《包装条例》要求返还容器时，就能收回押金。

6.4.3　产品责任制度改革

产品责任制度是德国推进循环经济和绿色消费的重要经济手段之一。按照《循环经济与废弃物管理法》对产品责任的规定，德国生产者对其产品的整个生命周期都承担着实现循环经济目标的产品责任，即从产品的开发设计、生产、加工、处理或销售、售后服务，直至产品回收或者废弃物处理，生产者必须承担相关的废物利用或者清除的费用。为此，生产者在制造产品时应优先使用再处理后的废料或再生原材料，同时尽量减少废料的产生。在产品标志上要有回收、再利用的可能性和义务的说明及抵押规定，如果含有有害物质的产品也要在其中标明，以便产品使用后剩下的废弃物再利用或者清除。

6.4.4　“限塑”后塑料袋消费大量减少

德国包装市场调查协会日前宣布，从 2000 年该国实行“限塑”以来，民众对塑料袋的消费从每年的 70 亿个减少到了 60 亿个左右，减少了 11%。德国每人每年消费的塑料袋数量为 76 个，大大低于欧盟人均消费 198 个的数量。有 1/3 的人会将一个塑料袋重复使用 5 次。有 72%的德国人在对塑料袋重复使用后，会将旧塑料袋作为垃圾袋使用。尽管“限塑”已经出现了成效，但德国环保局认为，即使重复使用两三次，购物塑料袋的寿命也太短，并且作为垃圾非常不容易处理。所以，环保局仍旧要求零售业不能免费向消费者提供购物塑料袋。通常情况下，一个购物塑料袋的售价在10～30欧分。

6.4.5 德国消费模式的启示

德国消费模式的特点是可持续型。我国可借鉴德国的经验，定期发起以绿色消费为主题的活动，邀请政府、企业代表和普通消费者共同探讨和研究绿色消费问题，还可借鉴德国的环境技术政策、生态标识和认证政策、管理监督政策等，深化绿色标志制度，在技术上建立健全标准体系，提高绿色产品的整体质量。

本章小结：不同国家的消费理念和消费引导政策，将孕育出不同的消费模式。美国的过度消费模式的特点表现为生活消费追求“大”，生活设施消费追求独立性。这种消费模式既与美国公众的传统习惯有关，也与政府政策的鼓励有关。在过度消费的模式影响下发生的美国次贷危机，成为全球性金融危机的导火线。值得我国学习的是，美国政府深刻认识到消费与环境不协调发展所带来的危害性，为实现经济绿色发展，在过去数年间，政府出台了若干个政策或计划来推动节能环保和进行消费调控。瑞典实行的是社会福利型消费模式，其高工资、高税收、高福利政策，公共服务和社会保障体系在营造消费模式方面发挥了重要作用，使消费者的主权得到尊重和保护。以日本为代表的是一种有强烈资源忧患意识的“两型”消费模式。其消费模式的特点表现为：生活消费追求节约，生活设施共享性强。日本节能环保政策包括了制定法律和激励政策节约能源，重视节能宣传，实现垃圾收费服务以及推行设备能效标准和标识等内容。日本民众的强烈的资源忧患意识和环保意识，是消费的社会责任感的体现。德国消费模式的特点是可持续型。我国可借鉴德国的经验，定期发起以绿色消费为主题的活动，参考其实施的若干可持续消费政策，进而为我国制定和调整绿色消费政策提供参考。

中国现实国情和发展目标决定了我国不能仿效美国的过度消费模式，瑞典的社会福利型消费模式也不适合于我国，我国必须走绿色消费之路。这是因为：首先，我国人均资源先天不足，特别是人均占有资源水平较低；其次，我国正处于工业化和城镇化加速发展的阶段，城乡居民消费水平持续快速提高，如果不加以正确引导，走绿色消费之路，就会给我国经济社会、资源环境带来巨大的风险。因此，面对严峻的挑战，在生产环节走“两型”发展之路的同时，在生活消费领域，政府也应教育居民坚决摒弃过度消费的消费模式，在消费模式的构建中，借鉴美国、瑞典、德国节能环保政策的具体做法，当然，我国在借鉴瑞典经验时，还要注意分析其利弊，特别规避“瑞典病”对经济社会的不良影响。日本消费模式的一些特征，特别是日本民众的强烈的资源忧患意识和环保意识有利于我国消费者正确处理消费、生产、积累的关系、现在与未来的关系。如何积极引领人们构建绿色消费模式，使之成为生态文明建设的重要任务和基本支撑，在下一章我们将对这个问题进行研究和讨论。

参考文献

[1] 楼尊，陈启杰. 美国居民消费结构与政府调节内需的政策措施. 市场营销导刊，2005（8）：42-45.

[2] 马薇薇. 美国服务消费结构升级经验及对上海的启示. 统计科学与实践，2013（2）：28-30.

[3] 丁家永. 美国消费行为的中国影响. 销售与市场，2013（5）：48-50.

[4] 胡雪萍. 消费模式转型：国际金融危机视角下的反思. 中南财经政法大学学报，2009（4）：8-12.

[5] 周殿昆，郭红兵. 美国金融危机成因及其对中国的借鉴——从制度演变和消费模式角度解读. 消费经济，2009，25（2）：18-22.

[6] 陈晶. 美国个人消费发展规律与宏观消费调控政策的演变. 国际经济合作，2006（12）：53-55.

[7] 谭旭东. 两次金融危机下中国宏观调控比较分析及其启示. 经济学动态，2009（5）：39-43.

[8] 尹蕾. 经济衰退改变美国人消费观节俭渐成习惯. http：//finance.ifeng.com/money/wealth/story/20081212/279241.shtml，2008-12-12.

[9] 毛中根，杨丽姣，孙豪. 从生产大国到消费大国的传导机制——兼论美国经验. 哈尔滨工业大学学报：社会科学版，2015，17（1）：119-127.

[10] 陈明. 瑞典政府财政管理的经验及启示. 工业审计与会计，2008（5）：45-46.

[11] 常甜甜. “瑞典模式”的利弊对中国社会保障的启示. 广西经济管理干部学院学报，2009（4）：58-61.

[12] 珀・奥尔森. 瑞典是社会主义国家吗？——瑞典模式的起落. 葛晶晶译. 当代世界与社会主义，2010（1）：67-71.

[13] 邹明明. 瑞典的儿童福利制度. 社会福利，2009（12）：58-59.

[14] 李炜. 瑞典福利模式的改革及启示. 河南师范大学学报：哲学社会科学版，2009，36（2）：60-63.

[15] 丁言强，张蕊，王亚娜. 瑞典的生态循环模式与政策. 生态经济，2009（1）：109-112.

[16] 文博. 瑞典政府启动城市环保木质建筑推广项目. 中国人造板，2009（11）：25.

[17] 周是今. 瑞典为何没有“垃圾围城”. 金融博览，2010（2）：36-37.

[18] 王洁. 瑞典小镇的低碳生活让人赞叹. 共产党员，2010（4）：43.

[19] 彼得・圣吉. 瑞典：15%的汽车不烧油. 中国机电工业，2010（2）：82-85.

[20] 詹奎芳. 国外绿色税收制度对构建我国绿色税收体系的启示. 潍坊学院学报，2011（1）：100-108.

[21] 段黎萍. 瑞典能源模式解析. 节能技术，2009，27（158）：506-509.

[22] 高辉清，钱敏泽，郝彦菲. 建立促进绿色消费的政策体系——日、德经验与中国借鉴. 中国改革，2006（8）：44-46.

[23] 金钟范. 循环经济论. 上海：上海财经大学出版社，2011：329.

[24] 鲁捷. 日、美两国生活消费模式的变化及对我国的启示. 北方经济，2006（5）：32-33.

[25] 杨晓燕，贺姣佼. 德国的可持续消费政策及其调整. 消费经济，2015，31（1）：41-45.

[26] 廖茂林. 绿色消费的国际经验及对长三角地区绿色发展的启示. 改革与战略，2014，30（7）：135-140.

[27] 袁志彬. 中国绿色消费的主要领域和对策探索. 消费经济，2012，28（3）：8-11.

[28] 张新宁，包景岭，王敏达. 绿色消费政策手段的中外对比研究. 安徽农业科学，2012，40（1）：516-518.

[29] 黄霜红. 德国“限塑”后塑料袋消费大量减少. 中国社会组织，2014（6）：48-48.

第7章

构建我国绿色消费模式的建议与对策

绿色消费是实现人与自然和谐相处，建设生态文明的重要保证。发展绿色消费有赖于政府、企业和消费者绿色消费观念的增强，更要靠相关制度保障措施的完善。我国要加快消费模式转型步伐，厚植发展优势，加大消费对经济增长贡献，促进经济健康、快速发展。构建绿色消费模式要求政府有关部门、企业、社会公众和非政府组织层面上定位准确，共同构建绿色消费的实施体系：政府有效推动，消费者理性消费，企业积极经营，从而形成绿色消费模式发展的充分动力。借鉴国外的先进经验可知，在构建发展绿色消费模式的初期，政府起着至关重要的作用，是后两者有效运作的基本前提，因此，政府政策在实现绿色消费中起着重要作用，即政府应完善政策和法律法规，通过各种手段来调节和规范人们的生活消费活动及行为。

7.1 政府完善引领绿色消费的政策体系

政府应以集中解决形式主义、官僚主义、享乐主义和奢靡之风这“四风”问题为契机，相对压缩政府消费，进一步转变政府职能，持续推进简政放权、放管结合、优化服务，提高政府效能，发挥政府在推进绿色消费中的表率和示范作用。只有注重政策制定前的调研，按照城镇居民和农村居民不同的消费习惯、消费特征有针对性地制订和实施差别化的消费政策，进一步深化体制改革。使各部门协同工作，各项措施衔接配合得当，构建广义的、稳定的消费政策体系，提高政策的绿色性，在政策工具使用上也要更多样化，才有可能收到理想的政策效果。比如，通常情况下，货币政策更适合于总量调节，财政政策更适合于结构调节，为此，在实践中，应该发挥各自优势。同时，注意对各项消费政策进行全面清理，取消各种限制绿色消费的政策和规定，出台和完善促进人们进行绿色消费、促进消费结构升级的政策、办法。另外，还应尝试建立绿色消费状况的定期反馈机制。在某种意义上，消费者的态度是他们在接受各种信息的基础上形成的。能吸引眼球，易于理解，值得信赖和容易记忆的信息具有较大的说服性。并且，信息传播的诉求特征和信息的结构特征也能影响消费者态度的改变。政府对经营者的监督管理、对消费者的信息公开、对产品服务质量的检验把关，对处理违法案件的态度和力度等，都会对消费环境的好坏影响很大。在具体操作上，国家应站在可持续发展的高度上，设立专门机构对绿色消费覆盖面进行总体统筹规划，并设立专门的绿色产品标准及质量的监督检查机构，大力推广绿色消费模式。为了提高产品和服务信息发布的公信度，实施“互联网+”行动计划，实施国家大数据战略，完善社会信用体系，建立国家人口基础信息库、统一社会信用代码制度和相关实名登记制度，健全绿色消费信息发布和查询平台，提高绿色产品和服务信息发布的公信度。加大失信行为信息的披露传递力度，对造假者坚决曝光并建立诚信档案，让消费者及时知晓信息并采取对造假失信者、消费侵权者的惩戒行为，让造假者失去继续造假的机会。还可采取听证会、设立热线电话和公众信箱、设计包含一定比例的消费行为的追踪调查，编制绿色消费数据库等方式，通过定期对不同区域的消费者的绿色消费状况进行监测和抽样调查，对比分析绿色消费政策实施前后消费者行为的变化，及时为消费政策方向和力度的调整提供依据。

7.1.1 法律手段与宣传手段并济

7.1.1.1 法律手段

从一定意义上来讲，市场经济就是法治经济，创建绿色消费模式需要国家通过法律手段进行调控和引导。依法治国，事关人民幸福安康，法治体系的完善，是一个不断继承、不断改革、不断创新、不断借鉴的过程。政府应该始终坚持在中国共产党的绝对领导下，充分发挥社会主义主流政治文化引导作用，坚持中国特色社会主义制度，坚持实事求是，全面继承吸收中华法制的优良传统的同时，借鉴世界各国法治的有益做法，尽快完善绿色消费相关法律法规的制定，发挥法律的强制性作用，依法对绿色产品生产、流通、消费进行监督。建立道德风险与道德回报的社会机制，构建公正的司法体制，把培养法律信仰作为普法教育的重中之重。用法律来加大对生产经营非绿色商品的限制，从根本上推进和培育绿色消费模式。

①进一步完善绿色消费立法。我国有必要编撰一套独立的完整的《绿色消费推进法》，调节和规范人们的生活消费活动及行为，形成一套强制性的法律法规对绿色消费予以保障，以法律手段禁止和反对一切损害身体和精神健康的不良消费方式和消费行为，促使消费者明确在消费过程中需要承担的绿色消费的义务和责任。在体例上，既要有效衔接与相关法律文件的外部关系，又要调整好内部结构。在内容上，应广泛吸收国内外最严格的立法成果，结合我国国情对现有的消费法律制度进行查漏补缺，还要健全执法依据，强化责任追究制度，维护消费者权益，实行严格的损害赔偿制度，从而有效推动我国绿色消费的健康发展。还可加紧制订全面“禁塑”等的地方性法规。

②我国要加强对企业进行绿色生产的法律监督，迫使企业利用绿色技术来改进生产工艺，引导生产向无污染、高效环保的方向发展。其一，为约束企业的污染排放，应制定实施环境保护法。通过

制定各种环境标准来约束企业的污染排放。其二，健全《合同法》《产品质量法》等法律法规，完善和强化打击假冒伪劣等失信行为的法规。要想让广大消费者放心大胆地安全消费，就应该从加大打击假冒伪劣的力度，整顿和规范绿色产品和服务市场秩序，从建立良好的社会信用机制入手，完善立法，强化执法（包括带有预防性、惩戒性的法律、法规、标准、制度的出台），加大对生产、销售假冒伪劣绿色产品等严重伤害绿色消费行为的企业和个人的惩罚力度，让失信者加大失信成本，让诚信者获得更大效用。保证良好的绿色消费市场环境，最终增强消费者的绿色需求。

③修订促进资源有效利用的法律法规，严厉打击由消费珍稀动植物引起的滥猎、滥采、滥垦、滥伐等破坏资源环境的行为，监督和控制损害环境的行为，界定可纳入消费对象的条件和不可纳入消费对象的范围。

④在新型消费业态方面，针对网购、手机支付、银行支付、第三方支付卡等的最核心的问题——安全问题，需要进一步建立和完善相关法律法规，就赔偿责任承担主体、权利与义务、合同模式、赔付途径、纠纷处理机制等做出明确规定。例如，消费者网购食品，其合法权益受到损害的，第三方平台若不能提供入网食品经营者的联系方式时，第三方平台可先行赔付。

⑤当前我国社会面临人均自然资源少，生态环境承载力弱的巨大压力。因此，迫切需要我们按照生态文明建设的要求倡导绿色消费模式，制定和完善专门的法律法规并设立相应的机构，把环境的代价纳入消费者及生产者的决策范围，以强制性手段规范消费者和企业的行为。可借鉴美国的经验，制定垃圾分类、回收之类的法律，健全保障消费者权益等相关法律体系。

⑥制定环境友好型消费的政策措施，我国应积极构建以绿色产品与服务的环境风险为标的物的兼顾强制险和任意险的绿色消费保险制度。

7.1.1.2 宣传手段

建设生态文明必定带来生活方式、思维方式和价值观念的深刻调整。绿色消费模式需要人们价值观念的转变和道德规范的约束。一个社会普遍的消费理念，引导甚至左右着人们的消费方式。因此，绿色消费模式的构建很大程度上是消费观念的变革。然而，绿色消费作为一种新的价值观，不可能在传统观念基础上自发形成，只能通过对大众的广泛教育、灌输、诱导才能逐步形成。许多发达国家推行绿色消费的成功经验也在于：进行绿色消费的宣传，提高普通民众的绿色消费意识。公众是推动绿色消费的重要力量。因此，加快培育消费者的绿色消费价值观，弘扬中华传统美德，将是我国绿色消费制度建设的重要路径。我国当前政府对民众绿色消费的教育力度还不够，形式还比较单一、范围也不够广泛。所以，我国应继续增强绿色消费的宣传教育力度，采取不同的形式，针对不同层次的对象，进行不同内容的培训教育，营造“了解绿色消费，支持绿色消费，进行绿色消费”的良好社会文化环境，形成人人、事事、时时崇尚绿色消费的社会新风尚，奏响生态文明建设乐章。

（1）实施全民绿色消费教育行动。

生态文明建设是一场攻坚战、持久战，实现消费的绿色转型，也必须久久为功。绿色消费认知是绿色消费行为的基础。第十八届中央委员会第五次全会提出了全面建成小康社会新的目标，要求国民素质和社会文明程度显著提高。我国应建立完善从家庭到社区，从政府到学校的绿色消费全民教育体系，因民而教，据俗而为，以提高全民绿色消费的认知水平，使绿色消费理念内化于心、外化于行。针对我国的东西部、城乡之间的教育水平差距较大，消费者存在良莠不齐的消费观念的现象。首先，应根据不同的地域，因地制宜地进行绿色消费的教育。其次，应有计划地将绿色消费及环境保护等内容纳入学前教育、义务教育和高等教育体系中。在国外，意大利和英国在学校广泛开展“可持续学校”活动，奥地利教育部则将可持续发展理念纳入教学大纲之中。我国应充分借鉴国外经验，对中小学进行趣味性的、普及性的绿色教育，使青少年从小就养成绿色消费的良好习惯，推动形成勤俭节约的社会风尚。在大学，可把关于环境问题的讲座与工程设计等课程有机地结合起来，并组织环保意识较强的大学生深入城乡进行志愿服务和宣讲，既能提升城乡居民的绿色消费意识，又能提高大学生的环保实践能力。

（2）实施全方位的绿色消费宣传行动。

在法国，政府资助的一个名为《减少垃圾》的电视节目旨在呼吁民众减少对一次性办公用品的浪费。上海市曾开展调查问卷中有这样一道多选题：您主要是从什么媒体获得保健、环保知识的（5个选项分别是电视、报纸、广播、杂志、因特网）？有86.08%的被调查者选择了电视，报纸的比重为77.22%，杂志为44.94%，广播为39.7%，因特网为 22.78%。我国政府应在尊重和保护消费者个人主权的前提下，重视对绿色消费价值观的宣传，广泛利用包括电视、报刊、广播、网络等的各种新闻媒体，建立多渠道的绿色消费宣传教育模式。比如，增加绿色消费的公益广告，设置固定的绿色消费专栏，开展最新绿色产品和技术的推介会，举办绿色文化宣传和研讨论坛，通过广泛深入地开展资源节约和环保的知识教育和主题培训，增强公众的紧迫感和责任感，牢固树立环境意识，促进人们对绿色产品的识别能力的提高，最终使消费者能有力维护自己的合法权益，有效抵制假冒伪劣绿色产品，积极参与绿色消费实践，从我做起，从现在做起，从点滴做起，使节能、节水、节材、节粮、垃圾分类回收、减少一次性用品使用等成为每个公民的自觉行动。以绿色消费代替过度消费；在消费结构中应适当提高各类精神文化的消费的比重，精神文化消费可从教育文化、休闲消费入手。使绿色消费既满足现实需求，保证身心健康，又兼顾长远需要，促进全面发展。在农村地区，应促进农村消费文化建设，提高农民自身素质，引导农民改变落后的消费观念，摒弃一些消费陋习，为农民消费模式的优化奠定牢固的思想基础。

7.1.2 加强配套制度建设，保障消费社会环境

发展绿色消费，既需要价值层面的引导动员，也需要政策制度的规范约束。政府是引导、激励绿色消费的核心力量，应进一步转变政府职能，持续推进简政放权、放管结合、优化服务，提高政府效能，进一步构建引领绿色消费的政策体系，不断完善促进绿色消费的制度设计和实施机制，根据中共中央、国务院公布的《关于加快推进生态文明建设的意见》，尽快制定国家绿色消费发展战略，推动消费绿色转型纳入“十三五”规划，注重绿色消费目标与其他宏观政策目标的协调，突出制度的引导与规范作用，积极运用国家价格、财税、金融、收入、政府采购、产业、环保等政策和手段，加强对消费主体、消费客体和消费环境等各个方面的引导、激励和规制，夯实绿色消费的经济基础，市场竞争的公平性是市场机制正常运行、营造正常的消费环境的重要条件。只有完善市场竞争秩序，才能刺激绿色消费需求。具体包括：

7.1.2.1 收入政策

十八届中央委员会第五次全体会议提出了全面建成小康社会新的目标要求，指出：到 2020 年国内生产总值和城乡居民人均收入比 2010 年翻一番，消费对经济增长贡献明显加大。人民生活水平和质量普遍提高，我国现行标准下农村贫困人口实现脱贫，贫困县全部摘帽，解决区域性整体贫困。要鼓励绿色消费，首先，我国还要着力消除贫困，实施脱贫攻坚工程，实施精准扶贫、精准脱贫，分类扶持贫困家庭，为消费者持续增收提供条件。其次，深化收入分配制度改革，政府的公共政策不应是偏爱富人的“锦上添花”，而应是关怀穷人的“雪中送炭”，旨在减少收入分配不公平的基本公共

服务水平的差异。正如李克强总理代表国务院在 2014 年 3 月召开的全国“两会”上的政府工作报告指出的那样，“健全企业职工工资决定和正常增长机制，推进工资集体协商。加强和改进国有企业负责人薪酬管理。改革机关事业单位工资制度，在事业单位逐步推行绩效工资，健全医务人员等适应行业特点的薪酬制度，完善艰苦边远地区津贴增长机制。”“多渠道增加低收入者收入，不断扩大中等收入者比重。使城乡居民收入与经济同步增长，广大人民群众普遍感受到得实惠。”我国经济进入新常态，为了使消费能够成为第一大拉动力，收入分配制度改革重心应放在消除收入分配不公上。正如十八届三中全会强调的，要紧紧围绕更好地保障和改善民生，改革收入分配制度，促进共同富裕。通过初次收入分配和二次收入分配的调节作用，在全社会范围内逐步形成两头小中间大的“橄榄形”的收入分配格局，注重藏富于民。建议，在今后，我国各级政府应执行“十三五”规划建议，使全体人民在共建共享发展中有更多获得感，朝着共同富裕方向稳步前进。具体包括，持续增加城乡居民收入，缩小城市化进程中的城乡收入差距，坚持居民收入增长和经济增长同步、劳动报酬提高和劳动生产率提高同步，健全科学的工资水平决定机制、正常增长机制、支付保障机制，完善最低工资增长机制，完善市场评价要素贡献并按贡献分配的机制。实施有利于缩小收入差距的政策，破除制约消费者绿色购买力的障碍，夯实绿色消费的基础。

农村是扩大绿色消费的“富矿”。作为消费市场的一片“蓝海”，农村消费市场潜力广阔。然而，对于大部分农民而言，收入水平低是制约其绿色消费的主要原因。为了国家的绿色发展，有必要全面地反哺农村，反哺自然。应不断建立和完善各种涉农补贴和对农业投资的惠农系列政策，还可采取加快户籍制度改革，鼓励和保障农民进城从事各种经济活动，加大对农民减负增收的支持力度，促进农村工业和服务业的发展，加快小城镇建设等。通过这些措施千方百计提高农民收入，从而使需求潜能转变为现实消费，释放绿色消费潜力。反哺农村、反哺自然实际上也是健康城市化和社会性人力资本投资的延伸。有效率的城市化意味着能将更多土地还给自然，能将社会财力的很大部分保护环境、修复破坏的生态系统，保护和培育国土资源系统的承载能力。而人力资本积累一方面是人类发展的要求，另一方面也是提高人类反哺自然的能力，即通过提高人力资本替代自然资本的能力，从而减少经济发展对自然资源的依赖。

7.1.2.2 财政政策

①按照“统筹城乡发展”的方针，强化政府在绿色消费实施过程中的主体地位。通过调整财政收支策略，提升居民边际消费倾向，稳定居民消费预期。从国家财政中拨出专款，扩大公共绿色财政投资支出，完善制度：逐步提高绿色产品的政府采购比重，增加政府对绿色产品的采购目录范围，推动政府绿色采购的规范化和制度化。由于绿色产品具有正外部性，外溢的收益难以内化，为了避免与非绿色产品的不公平竞争，这就必然要加大企业研发与推广绿色产品时的动力。因此，需要政府的大力支持，必要时需要政府的绿色采购。从长远来看，通过发挥政府绿色采购对绿色消费的重要的表率和示范作用，既鼓励符合国家战略的绿色产业的发展，又使绿色消费成为我国经济发展的新的增长点，可谓一举两得。

②继续加大销售绿色产品达到一定比例的流通企业的财政投资，以及对新能源车船、节水器具、节能家电的生产企业的财政补贴，促进其提供更多的绿色产品和服务。例如，公共交通是城市基础设施生态、低碳发展的重要标准，应更加积极地发展规模化的公共交通网络以及区域高速铁路，加强轨道交通建设，实施新能源汽车推广计划，提高电动车产业化水平，为城市居民消费方式绿色创造条件，使全体社会成员能够方便地享受到便捷、高效、价廉的公共服务。

③创新投资补贴。政府应加大对企业生态化技术创新的审查力度，严格考察其提供产品或服务的绿色价值，并及时提供财政等各项扶持政策。当前生态化技术创新面临的主要障碍是缺乏恰当的激励机制，从而导致企业的长远发展以及人类社会的可持续发展与企业短期生存压力之间的矛盾难以化解。而单纯对绿色产品价格进行补贴，并不能使企业生态化技术创新的程度达到社会帕累托最优的程度，创新投资补贴能直接降低企业生态化技术创新所面临的风险，因此具有更好的激励效果。

④推进公共政策的转型和创新，把为社会成员提供满足其基本需求的公共物品和公共服务作为政府目前的重要任务，协调社会各方面力量来为广大民众提供满足其基本公共需求的公共物品和服务。

⑤继续加大对绿色消费的补贴奖励；对选用绿色产品的消费者加大补贴力度，鼓励自行车等绿色出行。扩大绿色消费规模。

⑥应尽快建立完备的分类垃圾回收配套系统。在发达国家，家庭消费过程中废旧电器和生活垃圾的分类投放、收集与处理都已经实现制度化、工程化、程序化和无害化，我国应继续完善生活垃圾分类回收设施，把握好生活空间的集聚性、配套性和扩散性。还可充分借鉴上海的经验，以居民日常“干湿分类”行为为依据，通过“分类可积分，积分可兑换，兑换可获益”的基本路径，鼓励、引导消费者参与生活垃圾的源头分类。

7.1.2.3　价格政策

完善价格政策，形成激励与约束并举的机制，刺激绿色消费需求。我国应稳妥处理稳增长、防通胀、惠民生的关系，加快建立反映市场供求关系、资源稀缺程度、环境损害成本的价格机制。具体包括：加快自然资源及其产品价格改革，逐步提高稀有紧缺矿产资源的价格，规范资源能源的有偿使用。要利用价格机制来限制破坏资源环境的消费，减轻环境污染和资源消耗，这就意味着必须彻底改变过去的那种“产品高价，原材料低价，环境资源无价”的不合理局面，政府作为公众的代理人，应深化资源性产品价格和环保收费改革，建立起将环境和资源成本内化的价格体系，减少政府对价格形成的干预，通过完善价格机制来规范资源环境的使用，全面放开竞争性领域商品和服务价格，以最大限度保证资源环境的良性循环和公平分配。具体而言，一方面，坚持开发与保护并重的方针，取消扭曲资源价格的补贴，强化资源的有偿使用，对可再生资源，采取健全可再生能源资源的费用分摊机制，对不可再生资源和稀缺资源，通过提高开采价格来控制过度开发。另一方面，消费者是“经济人”，具有绿色消费价值观的消费者也不愿意无限制地为绿色消费承担过高成本，要注重发挥市场在资源配置中的决定性作用和更好地发挥政府作用，完善主要由市场决定绿色产品价格机制的同时，还需优化政府的治理，有效弥补市场失灵，使绿色产品的价格达到更多普通消费者可以接受的水平。还需健全居民生活用电、用水、用气等阶梯价格制度，进一步约束消耗能源、破坏生态环境的消费方式，扩大绿色消费规模。

7.1.2.4 金融制度

政府要制定更加合理的金融制度，改革并完善适应现代金融市场发展的金融监管框架，发展绿色金融。第一，构建中国特色的消费信贷制度。继续扩大绿色消费信贷规模。源自美国的国际金融危机是由于过度滥用信用、滥用制度，而不应废除消费信贷制度本身。我国在坚持绿色消费的原则下，应系统总结美国的经验教训，进一步健全消费信贷制度，认识和防范消费信贷快速发展过程中可能集聚的金融风险和非理性消费加剧的信用卡市场的风险。进一步加快个人征信体系机构与制度建设。大力拓展消费信贷供给渠道。在农村地区，重点要促进农村消费结构升级，提高农村消费对经济的拉动作用。建议在农村信用社开展农民绿色消费信贷业务，农民在购生态房、购安全车、购安全农用生产资料、支付教育费用、支付医疗费用、支付养老费用时均可申请有担保状况下或无担保状况下的贷款。除此之外，农村住房绿色消费信贷、教育消费信贷、医疗消费信贷与养老消费信贷也有很大的发展空间，这也是金融机构拓展业务的好机会。第二，加大对新兴产业、高科技产业、"三农"的信贷支持，针对性地培育新的经济增长点和消费信贷增长点。而对于污染严重的企业，应采用高利息贷款的手段，增加其融资成本，迫使其引进绿色生产流程；而对从事节能减排产品的研发与推广的企业应发放优惠贷款，或由政府提供贷款担保，增加企业流动资金。第三，积极推进以利率市场化为主的金融市场改革，让更多居民能够通过金融市场分享经济发展的成果，进而提升居民消费。我国还应积极发展普惠金融。丰富金融市场层次和产品，鼓励金融创新。2015 年 6 月 10 日，李克强在国务院常务会议上明确表示，发展消费金融，重点服务中低收入人群，有利于释放消费潜力、促进消费升级；7 月 4 日，国务院就积极推进"互联网+"行动印发《指导意见》，提出了包括"互联网+"普惠金融在内的 11 项具体行动。"十三五"规划建议提出，加快金融体制改革，提高金融服务实体经济效率，发展普惠金融，着力加强对中小微企业、农村特别是贫困地区金融服务。同时，推进汇率和利率市场化，提高金融机构管理水平和服务质量，降低企业融资成本。相信随着这些政策的陆续出台，我们的金融体系将发生更多可喜的变化，而我们的老百姓也一定能够从中享受到更多实惠。

7.1.2.5　绿色税制

绿色税制是指对实施有利于保护环境和节约资源行为的纳税人给予的税收减免，而对不利于保护环境和过度占用资源的行为进行课以重税的制度。绿色税制通过税收的形式对环境资源予以定价，并将其价格计入企业和个人利用环境资源的成本之中，将外部成本内部化，进而改变市场价格信号，以此矫正那些危害环境的生产和消费行为。绿色税制有利于降低消费者的绿色消费成本，从而使更多人有能力进行绿色消费。为促进我国绿色消费发展，我国应加快绿色税制改革，充分发挥绿色税收的作用。

①进一步强化消费税的绿色功能。调整消费税征收范围、环节、税率，把高耗能、高污染产品及部分高档消费品纳入征收范围，以助于引导人们正确处理生产与消费、积累与消费、分配与消费、现在消费与未来消费的关系。在消费税方面，应尽早将以稀缺资源或不可再生资源为原材料的，以及环境污染源的产品纳入消费税征税范围，税目可以包括大气污染税、水污染税、生态补偿税、噪声税、垃圾污染税等，或提高其消费税率。通过征税来调节自然资源的供需，以便达到影响自然资源配置的目的。

②调整消费税计税价格模式为价外税。价外税使消费者能明晰自己所负担的具体税额，将会促进消费者在消费时相应减少应税商品或服务的需求量，从而更有效地发挥消费税税收杠杆的调控作用。

③进一步发挥差别税率的作用，引导社会公众消费行为。应按照各类应税对象对环境损害程度设置有差别的税率，以体现消费税环保节能的政策取向。建议提高对购买绿色产品的减免税程度。而对于高收入社会成员，建议提高个人所得税的累进税率，开征奢侈消费税，将高收入者所缴之税用于支持城乡低收入群体的基本保障性消费。在操作层面上，这种基本保障性消费以最低工资（这是对于城乡有劳动能力并且有工资收入者而言）、最低生活费（这是对于城乡有劳动能力但没有工作的失业无工资收入者而言）、最低养老费（这是对于城乡65岁以上老年人而言）等形式由劳动与社会保障部门发放，用来保障城乡居民的基本消费。从而可督促高收入社会成员从奢侈型消费向适度性消费转变，限制非绿色消费行为。绿色税率的设计还应考虑地方生态环境质量标准，因为各地区的地理自然状况及对环境质量的要求不同，最优生态环境质量水平也各不

相同，因此，在税率的设计上，还应因时因地制宜，实施有地方差别的税率。对于生产层面而言，对使用可再生资源、生产绿色产品、对废弃物进行回收与综合利用的企业给予更大的税收减免奖励，以降低其生产成本，调动生产积极性，进而营造良好的外部社会条件，而对非替代性、非再生性、稀缺性资源课以重税，来限制掠夺性开采或开发，并制定必要的开发利用替代资源、鼓励资源回收利用的税收优惠政策，提高资源的利用率。

④完善“绿色关税”，为有效保护可能枯竭的国内资源，我国应提高进口质量，减少污染产品的进口；改善出口结构，继续严格控制“两高一资”产品出口，鼓励更多高附加值的技术密集型产品出口。对出口循环经济产品的企业给予全面退税，以此调动企业开发、生产、出口绿色产品的积极性。

⑤构建促进绿色消费税收管理体制。首先，深化财税体制改革。划分中央政府和地方政府之间的分税制，确认两者之间的税权关系，建立促进绿色消费税收收入的共享机制，建立事权和责任相适应的制度。适度加强中央事权和支出责任，由中央充分发挥宏观调控功能，同时注意积极调动地方的积极性，地方税体系建设着力破解“钱从哪来”问题。其次，要进一步完善税收手段，实现常规性手段与临时性手段的融合并用。特别当面对政治、金融风险和市场波动导致的不确定时，税收部门也应备案并采用一些临时性的税收管理手段，以弥补市场变化凸显的制度缺陷。

7.1.2.6 社会保障政策

绿色发展的消费模式应把消除贫困和建立社会保障制度作为重要方案领域。总结过去，我国社会保障体系得到加强，表现在养老保险、医疗保险等方面力度很大，职工参保人数大幅度增加，农村居民也从中受益不少。但就我国国情而言，还应加强社会保障的投入，社会保障覆盖范围仍有待进一步扩大。应从解决人民最关心、最直接、最现实的利益问题入手，根据社会事业发展规律和公共服务的不同特点，通过社会政策托底来确保民生的稳定，提高公共服务共建能力和共享水平，创新公共服务提供方式，增加公共服务供给，并向中西部地区倾斜，努力实现全覆盖。

应围绕“保基本、兜底线、促公平”，加强对养老、教育、医疗、卫生、就业等方面社会保障的投入，加快完善覆盖城乡居民的社会保障体系，这不仅可以稳定居民的收支预期，还可直接提高国民消费水平，提升绿色消费倾向，更重要的是为今后长期绿色发展提供必需的人力资本和社会资本储备。在倡导提高社会保障水平时，应注意实现政策目标的途径。

在教育方面，为提高教育质量，推动义务教育均衡发展，可在普及高中阶段教育的基础上，逐步分类推进中等职业教育免除学杂费，率先从建档立卡的家庭经济困难学生实施普通高中免除学杂费，实现家庭经济困难学生资助全覆盖。

在促进就业、创业方面，坚持就业优先战略，实施更加积极的就业政策，创造更多就业岗位，着力解决结构性就业矛盾。完善创业扶持政策，鼓励以创业带就业，建立面向人人的创业服务平台，加强对灵活就业、新就业形态的支持，要鼓励自主创业和自我雇佣的就业形态，并引导资金进入生产性部门，提高家庭收入的同时刺激居民消费。进一步完善就业服务体系，重点解决高校毕业生、农民工、就业困难人员就业问题和退伍转业军人就业安置工作，提高技术工人待遇，提高居民绿色消费能力。

实施全民参保计划，实现职工基础养老金全国统筹，划转部分国有资本充实社保基金。在设计制度时，还应重视养老保险缴费的边际收益率对人们消费储蓄行为的影响。在医疗保险方面，全面实施城乡居民大病保险制度。城镇居民基本医疗保险覆盖范围的扩大是帮助城镇居民家庭抵御健康风险的普适性有效措施。特别是对于低收入家庭而言，医疗保险有助于缓解家庭的健康风险，促进家庭消费。为帮助抵御健康风险的威胁，应特别加大对老年户主家庭的医疗保险深度。推进健康中国建设，深化医疗卫生体制改革，理顺药品价格，实行医疗、医保、医药联动，建立覆盖城乡的基本医疗卫生制度和现代医院管理制度。在农村地区，加快推进新型农村合作医疗制度建设和农村社会养老保险体系，促进形成良性的收入支出预期。

推动形成与消费能力基本适应的住房供需格局，继续加大棚户区改造的力度，推广节能省地型住宅。进一步加大保障性住房的投资力度，增加保障性住房的供给，建立劳者有其居，居者乐其屋的格局。由此将对房价回归和住房消费增加产生积极影响，并拉动其他消费需求，达到保增长、调结构和改善民生的效果。为提高城镇居民人均消费支出中文教娱乐支出比重，应以推进新型城镇化为抓手，推进以人为核心的新型城镇化，深化户籍制度改革，实施居住证制度，努力实现基本公共服务常住人口全覆盖。在城市规划中，应合理规划，政策引导，把以人为本、尊重自然、传承历史、绿色低碳理念融入城市规划全过程，实现新型城镇化与绿色消费的融合发展，充分激发绿色消费潜力，可大力修建大型民俗、民风文化娱乐平台，引导娱乐文化集群化发展，不断培养良好的社会文化消费环境，不断更新消费者的消费理念，有效抵消消费边际递减规律的作用，满足消费者日益提高的消费要求，拉动积极的绿色消费需求。强化农村地区的基础设施建设。目前在我国农村地区，基础设施建设仍滞后于城市，商业网点和流通体制不通畅，这种消费环境制约了农民消费模式的演进，应健全农村基础设施投入长效机制，降低农村商品流通成本，加强对假冒伪劣商品的打击力度，切实保护农民消费者的权益。提高社会主义新农村建设水平，新农村建设要坚持最严格的耕地保护制度和最严格的节约用地制度，进一步增加农村生产生活设施建设投入，扩大农村沼气建设规模，启动新一轮农村电网改造，解决更多农村人口的安全饮水问题，实施农村清洁工程，改善农村生活条件。

7.1.2.7 政府绿色采购制度

2006年10月，财政部、国家环保总局联合颁布了“关于环境标志产品政府采购实施意见”和“环境标志产品政府采购清单”，这也是中国第一份政府绿色采购清单。在我国，政府的绿色采购的金额越庞大，项目越众多，越能够对绿色市场的形成起着强大的杠杆作用和正面的引导作用。所以，在当前我国普通民众绿色消费需求不足的情况下，政府应逐步提高绿色产品的采购比重，完善政府绿色采购制度，增加政府对绿色产品的采购目录范围，推动政府绿色采购的规范化和制度化。从长远来看，通过发挥政府绿色采购的表率和示范作用，既鼓励了绿色产业的发展，又促进了绿色消费，可谓一举两得。

7.1.2.8 人口政策

改革开放以来，由于我国实施计划生育政策的作用影响和人们生育意愿的转变，虽然人口自然增长率持续走低，但我国人口增长的绝对量依然很大，再加上人口城乡结构、年龄结构及家庭结构等人口结构因素都会对资源环境产生较大的影响，人口因素应是我国资源环境压力加重的重要原因。技术进步虽然在一定程度上弥补了人口规模扩大对环境的强大压力，但作用毕竟有限。关注人口因素对我国绿色消费和发展的影响，这对提高消费、资源环境领域政府决策的可操作性和针对性均具有重要的现实意义。所以，我们稳步促进人口均衡发展，坚持计划生育的基本国策，完善人口发展战略，实现从严格控制人口增长到适度人口增长的转变，全面实施一对夫妇可生育两个孩子政策，积极开展应对人口老龄化行动。

为了使我国总体的绿色消费率有所提升，应以推进新型城镇化为抓手，拓展城乡消费空间，加快中部地区城镇化，在抑制东部地区城镇化速度的同时，提升农民工福利待遇，推动东部城市的农民工市民化进程。实施居住证政策，努力实现基本公共服务常住人口全覆盖，促进有能力在城镇稳定就业和生活的农村转移人口在城里享受同等医疗、教育、社保、就业的梦想。降低绿色消费成本，减少资源环境消费压力。为消费的持续增长注入有效动力。

7.1.2.9　产业政策

从供求关系分析，尽管政府投资拉动短期可以解决内需不足，但长期看会存在结构性偏差。为适应消费结构升级，从投资政策导向上应从盲目依赖投资规模扩张转化为优化投资结构，在投资主体结构优化方面，本着降低政府投资对民间投资存在“挤出效应”的原则，应积极调动民间投资的积极性，发挥社会资本的投资拉动作用，理顺消费结构、投资结构与产业结构的关系，促进投资与消费的互动，实现经济良性循环。

协同推进新型工业化、城镇化、信息化、农业现代化和绿色化，以绿色产业发展引领我国经济转型升级。服务业越发达，消费率增长会越快。应以推进“一带一路”建设为契机，把新型绿色消费业态列入国家支持性产业政策范围进行大力扶持，鼓励其注重抓住新型工业化的契机，立足国内自身技术实力，积极引进国外的先进的环保技术和清洁生产设备，有序扩大服务业对外开放，推进同有关国家和地区多领域互利共赢的务实合作。开展加快发展现代服务业行动，提升生产性服务业的发展空间，积极发展现代金融、物流、信息等生产性服务业。加快实现生活性服务业的现代化，突破性发展生态、文化、医疗保健等生活型服务业，突破性发展航空、服务外包等新兴服务业，稳定住房消费、升级旅游休闲消费、提升教育文体、旅游、医疗保健消费，鼓励养老健康家政消费。支持社会力量举办规模化、连锁化的养老机构。重点推进扩大移动互联网、物联网等信息消费。随着习惯互联网消费的年轻一代正逐渐成为消费主力，应围绕智慧城市、数字家庭、旅游无线互联网积极开展业务，加速推动促进智能终端产业链的升级改造，满足大众多样性、个性化的消费需求，实现生产、生活、生态共赢。

《中共中央关于制定国民经济和社会发展第十三个五年规划的建议》指出，支持绿色清洁生产，推动建立绿色低碳循环发展产业体系。调整产业结构，要更加注重加减乘除并举，去产能，降成本，补短板，支持企业发展循环经济、进行清洁生产，推动能源生产和消费革命，着力发展天然气、页岩气等多轮驱动的能源供应体系，可在主要立足国内的前提条件下加强国际清洁能源的引进利用。在引进国外的适用先进技术方面，通过优化利用外资结构，积极鼓励外资投向新能源和节能环保产业。

在农村地区，大力发展生态农业，加快转变农业发展方式，走产出高效、产品安全、资源节约、环境友好的农业道路。生态农业从 20 世纪 30 年代以来，在欧美、澳大利亚、日本得到较大发展，既保护了生态环境，又通过提高食品质量促进了农业增收，获得了政府、企业、消费者的共同认可。我国可借鉴德国、法国、澳大利亚的经验，通过价格机制和补贴机制的改革，推动生态农业的发展。具体包括：实施对种粮农民直接补贴和进一步提高粮食最低收购价来稳定粮食生产；多建立和发展绿色产品基地，使产品产地符合绿色产品的生态环境标准；同时，大规模开展粮食、蔬菜、油料、食糖高产创建，因地制宜地引导蔬菜、瓜果、竹笋以及木本粮食等生产和种植，增加重要紧缺农产品和优质粮食供应，保持粮食消费结构和生产结构的协调，保障我国“米袋子”和“菜篮子”的安全。总之，要以尽可能少的资源投入达到更多的物品产出，改善消费领域的供给结构，增加有效供给，以产业转移和升级在整体上形成一个合理的消费梯度。

7.1.2.10　环境政策

加强各项投入与监管，保障消费自然环境。环境就是民生，青山就是美丽，蓝天也是幸福。从“求生存”到“求生态”，从“盼温饱”到“盼环保”，公众对清新空气、干净水质、优美环境等生态的需求与日俱增。当前，雾霾已经成为中国全国性问题，城市空气质量普遍超标，全国十大水系水质一半污染，土地和地下水污染较严重，良好生态环境是最普惠的民生福祉，是最公平的公共产品。

中国人渴望看见乡愁的“美丽家园“。生态兴则文明兴，生态衰则文明衰。走向生态文明新时代，全面提高适应气候变化能力，建设天蓝、地绿、水清的美丽中国，是实现中华民族伟大复兴的中国梦的重要内容。中国政府已经将应对气候变化全面融入国家经济社会发展的总战略。2013 年 7 月 18 日，习近平致生态文明贵阳国际论坛 2013 年年会的贺信时说“保护生态环境，应对气候变化，维护能源资源安全，是全球面临的共同挑战。中国将继续承担应尽的国际义务，同世界各国深入开展生态文明领域的交流合作，推动成果分享，携手共建生态良好的地球美好家园。”在谈到中国在应对气候变化中的角色和作用时，我国气候变化事务特别代表、中国代表团团长解振华在《联合国气候变化框架公约》缔约方会议第二十一次大会的闭幕大会上曾指出，中国作为一个负责任的发展中国家，应对气候变化既是推动本国可持续发展的内在需要，也是打造人类命运共同体的责任担当。中方将主动承担与自身国情、发展阶段和实际能力相符的国际义务，继续兑现 2020 年前应对气候变化行动目标，积极落实自主贡献，努力争取尽早达峰，并与各方一道努力，按照公约的各项原则，推动《巴黎协定》的实施，推动建立合作共赢的全球气候治理体系。为了优先解决损害公众健康的突出问题，应实行最严格的环境保护制度，探索建立跨地区环保机构，实行最严格的环境监管制度，开展环保督察巡视，严格环保执法，实行省以下环保机构监测监察执法垂直管理制度，一方面，以解决损害群众健康突出环境问题为重点，加强生态环境治理，提高面源污染的治理水平。主要包括进一步实施清洁水行动计划，深入实施大气污染防治行动计划，继续深入贯彻实施“大气十条”，全面落实“水十条”，推动“土十条”制定实施，进一步提高城市生活污水集中处理率和城市生活垃圾无害化处理率，加强循环利用可再生的城市生活“矿产”。培育绿色的消费环境。另一方面，为满足群众更高生活品位的追求，应加大自然环境保护和投入，坚持保护优先、自然恢复为主，实施山水林田湖生态保护和修复工程，促进森林、湿地与物种的保护培育，加大陆地自然保护区的建设力度，明晰城市生态线。开展大规模国土绿化行动，完善天然林保护制度，通过植树造林、封山育林等方式不断提高森林覆盖率。构建科学合理的城市化格局，增加国家级森林公园数量，加快建设布局合理、景观优美的城市绿化系统，提高建城区绿化覆盖率。强化城镇与农村的绿化，推进美丽中国建设，筑牢生态安全屏障，为全球生态安全作出新贡献。

7.1.2.11 考核政策

应完善生态环境保护的标准体系，加强生态建设、环境保护的统计普查、预测预警与监督考核。可通过实施国际生态产出（EDP）核算政策来准确衡量我国经济发展的质量和效率，所谓EDP是将环境因素纳入经济产出核算的所得结果，即“经济环境调整的国内产出”（Environmentally adjusted net domestic product），有人称之为绿色GDP，实施EDP核算是对绿色消费的实现程度进行宏观定量调控的重要手段，有利于进一步完善对地方政府和部门的考核体系，转变传统的政绩观，合理设定经济增长速度，实现消费“绿色性”与“发展性”双赢的目标。

7.1.2.12　绿色标志制度

发达国家都比较重视制定绿色标志制度，绿色标志和价格、质量一样，都是市场竞争的重要因素，如德国的“蓝色天使标志”、日本的“生态标志”、美国的“再生标志”等。美国和日本的经验均表明，在市场经济条件下，能效标准和标识制度是引导绿色生产和消费的重要手段。一方面，环境标识是产品进入市场的“门槛”；另一方面，也有利于消费者通过标识对产品能效进行比较和甄选。

我国于 1994 年 5 月开始实施的中国环境标志认证在于帮助人们在日常生活中提高环境意识，鼓励企业合理使用资源和能源并开发和生产环境友好产品。20 年来，环保部批准颁布了 96 项环境标志标准，涉及建材、纺织、汽车、印刷、日化用品等行业，中国环境标志产品已经成为绿色产品的象征与依据，引领和推进了我国绿色产品的形成和发展。为了推动我国工业化进程中的绿色生产和消费，让广泛的“绿色共识”转化为积极的“绿色行动”，我国应更加注重从制度上谋划涉及绿色消费的战略性、全局性、长远性问题，推动中国环境标志在引导绿色消费中发挥更大的作用。

①进一步增强中国环境标志认证制度的引领和带动作用。政府需要加强中国环境标志标准的制定，确保标志的真实性、可靠性和权威性，以引导企业调整产业结构和绿色转型。

②积极拓展我国的环境标志认证工作。为推动绿色消费与环境友好型社会建设，在认证的产品与数量上，要持续扩大环境标志产品的种类和数量，努力开拓服务类环境标志认证。在组织机构和人员配备上，各省市应尽快成立绿色产品常设管理机构，负责绿色产品的委托认证、绿色产业发展的对策制定、绿色产品生产过程的监控及人员培训等。通过充实基层“绿办”人员队伍，为绿色产品健康、快速发展提供人才保障。

③完善绿色产品监管体系。要强化执法监督，严格规范运作，

加快和完善绿色产品质监体系基础设施建设。为了扭转违法成本低、守法成本高、环境监管不足、执法力量不够的局面，在生产、流通、交换、消费这 4 个再生产环节中，环保、工商、技术监督、物价等各部门应各司其职。在生产领域，由质量技术监督管理部门负责产品质量监测。质量技术监督管理部门应加快绿色产品质监体系建设，严格规范运作，完善监测手段，提高监测能力，对生产绿色产品的企业，使用中国环境标志的产品进行定期或不定期抽检，还要加强证后的监督，严厉打击仿冒环境标志行为，依法对有关的伪绿色、伪低碳产品进行处理，重点纠正企业超范围用标、超期用标问题。若在有效期内仍然无法整改的，应果断取缔其中国环境标志使用的资格。在流通领域，由工商部门负责零售流通领域的产品质量检测，各级工商机关和广大干部必须牢固树立以人为本的消费维权理念，始终用科学发展观统领消费者权益保护工作，进一步加大工商机关消费维权的工作力度，不断拓展工商机关消费维权工作的空间，充分发挥工商机关消费维权的主导作用，可多处设立商业性产品质量检测机构，供消费者随时检测已购商品，并建立消费者随时投诉处理机制，把消费者权益是否得到有效保护和保障市场消费安全作为检验消费维权工作的基本标准，如发现消费者购买的商品确属假冒伪劣产品，工商部门需协助消费者督促经销商赔偿。在交换领域，由物价部门负责价格监管，通过控制最高利润率与最低利润率来限制商品价格。在消费环节，对于那些污染性消费行为，由环保部门负责。在实际工作中，为营造“放心消费”的市场环境，还应强化环保、工商、技术监督、物价等各部门的统筹配合。另外，为解决行业部门垄断、地方保护和权钱交易的“寻租”现象，彻底铲除假冒伪劣滋生的土壤和保护伞，还应建立“打假治劣区域责任制”和“重大假冒伪劣事件官员问责制”，建立起包括打假治劣、整顿规范经济秩序在内的科学的干部考核任用体系及合理的利益机制。通过以上措施的综合应用，维护市场秩序，保障产品市场的公平竞争，确保绿色产品生产者和消费者的合法权益。

④进一步加强国际合作。要进一步加强中国环境标志的国际互认，加强与国际权威认证机构的多方合作，推进绿色产品的标准制定、认证机构及体系与国际接轨，大力宣传中国环境标志产品在绿色消费方面的积极贡献，扩大中国环境标志的品牌影响力，提高中国环境标志产品的国际竞争力。

7.1.2.13　国际合作政策

绿色消费模式也应成为一种制度，它的根本问题是资源的分配问题。这种分配包含着在代内和代际之间，以及国家间、地区间的分配，因而不仅需要依赖一国国内完善的法律体系，而且亟须在法律方面的国际间的广泛配合。实践证明，开展国际合作可为我国资源环境问题的解决提供更多的机遇并获得技术、资金等多方面的收益。比如接触发达国家的先进技术和感受民众的资源忧患和环保意识，切实感受世界各国对绿色发展的重视程度；充分借鉴国外贯彻绿色发展的经验教训等。我们应积极开展全方位外交，加强国际间的法律的配合，努力推进我国与各大国、周边国家和广大发展中国家的对话合作，通过参与制订、实施和完善各种国际公约以及外贸政策，引导我国环境资源的更好利用，既要加强进口监管，防止少数国家向我国转移污染产业、设备、技术、产品和废弃物，又要优化我国出口产品结构，实现经济效益与环境效益的统一；致力于寻求建立相对稳定的国际能源、资源供应以满足国内经济增长与消费增长的需要。进一步做好应对气候变化、能源资源合作等方面的对外工作，从国际环境上保证绿色消费模式的顺利实现。

7.1.2.14　区域政策

寻求开展促进省域之间绿色消费的合作方案，并不断建立和完善合作框架内的体制机制，因地制宜促进发展。一方面，绿色消费较高的东部地区，作为我国人口、经济的中心，需要利用区位优势、经济优势、产业优势、人口素质优势，以生态优先为原则，以改善民生为目的，以新型城市化为动力，以解决消费环境问题为重点，政府依法调控，居民积极参与，市场有序运作，进一步提升绿色消费，并加大省域间的绿色消费合作力度，实现资金、技术、信息等要素向绿色消费发展指数相对较低的中西部进行合理的流动和扩散，发挥好中心城市和重要经济区域对中西部邻接省区形成辐射带动的作用，实现绿色消费高高集聚区省区数量的增加。就绿色消费发展指数较低的中西部地区而言，应有效借鉴绿色消费发展指数较高区域的经济社会发展与资源环境管理经验，有针对性地转变消费方式，调控消费水平，逐步建立合理的消费结构，并从利益协调、对口援助、合作帮扶及空间组织等方面挖掘绿色消费的潜力，在基础设施建设、城市布局优化、现代服务业发展等方面创造后发优势，为绿色消费的提升提供良好的外在条件。另一方面，政府在针对集中连片特困地区制定消费政策时应在充分了解贫困地区集聚特征的基础上进行相机决策，实施精准扶贫、脱贫，因人因地施策，提高扶贫实效，解决区域性整体贫困，实现人民的共同富裕。

7.1.2.15 地方政府需配套相当政策

建立绿色消费模式，既需要中央政府的组织、协调，也需要地方政府的广泛参与。可借鉴湖北省人民政府的做法，以“绿色连接你我，园林融入生活”为主题，深入开展“生态园博，绿色生活”活动，以百年张公堤为主线，依托武汉丰富的人文资源，用园林艺术造景的手法，把张公堤城市森林公园打造成武汉新的城市名片和旅游新热点，成为集生态防护、休闲旅游、教育科普、户外拓展等功能于一身的“超级”森林公园，将武汉乃至我国近现代工业文明发展的历史脉络，铺陈在游客面前，将大江大湖大武汉大气之美、灵秀之美，浓缩地展现在世界舞台。公园里，还将按国际自行车比赛赛道，建设宽 6 m，长 30 km 的绿道，并与周边绿道无缝对接。百亩松林、千亩竹海、万株桃树、十里花堤……形成“码头望竹林、绿毯缀树丛、花塘映花海、苇荡依湖岸、河滩伴湿地”的美景，实现“生态山轴”和“景观水轴”的整体生态格局，为武汉再添一处“绿肺”。武汉的园博会是由住房和城乡建设部和地方政府共同举办的园林花卉届高层次的盛会，是我国园林花卉行业层次最高、规模最大的国际性盛会。第十届园博会将围绕“园林与生态科技”“园林与人文艺术”“园林与幸福生活”三大主题，打造一届生态文明充分彰显、传统时尚交相辉映，绿色福利全民共享的园林盛会。再以武汉城市圈为例，作为“两型”社会建设的地方政府，应在国家统一的优惠政策基础上，根据当地的具体情况出台更明晰的实施措施，凸显绿色消费模式建立的更深远意义。在总需求层面，必须抓住“两型”社会建设综合配套改革试验区的历史机遇和先行先试的政策创新权，大胆对财政、货币、税收政策进行创新，从消费环节入手来调节和规范人们的活动及行为，培育符合“两型”社会要求的消费模式。加强宣传教育，提高全民资源节约意识与环保意识，普及资源节约的科学知识，推行“两型”生活，形成全民参与、人人节约的良好社会氛围，积极引导居民创建绿色社区来奏响“两型”建设乐章。又如，可在武汉城市圈“两型”社会建设综合配套改革试验区率先推行“绿色消费积分卡”制度。组织各城市的相关部门，共同研究制定“绿色消费积分”的商品目录。合理地设立“绿色消费积分”的补贴基金，并由各城市财政部门、商场和生产企业共同承担，各负责 1/3 的补贴资金；通过制定共同的商品目录和补贴标准，允许消费者在武汉城市圈各城市参加活动的商场自由兑换商品等来鼓励民众绿色消费。在不加重市民负担的情况下，试行垃圾费、水费捆绑征收。从供给层面，武汉城市圈政府可考虑把发展低碳经济列入城乡发展和产业发展总体规划之中，预留“低碳经济”发展空间，把水、气、电、热的集中生产和供给以及住宅、学校、体育运动场馆和文化娱乐设施的集中供给和使用，纳入武汉城市圈各城市的建设方案中来，重点改善城市的能源消费结构和效率，提供绿色消费模式的社会平台。例如，在城市及区域交通方面，应更多地鼓励建立高效和快捷的共用交通运输系统，规划更多公共自行车放置地，铺设更多的自行车道供人们出行等。通过改革消费品消费方式、生产方式和供给方式，从总体上实现消费效率的提高和资源节约，以消费模式的升级来带动城市产业结构升级，逐步缓解资源环境压力。在国际金融危机尚未见底的情况下，武汉城市圈各城市进一步加大保障性住房的投资力度，增加保障性住房的供给，由此将对房价回归和住房消费增加产生积极影响，达到保增长、调结构和改善民生的效果。各地方政府还应大力推行政府绿色采购，革新消费品生产方式、供给方式和消费方式，从总体上实现资源节约和消费效率的提高。同时，配备相应的人员与组织，督促和指导更多社会力量加入绿色消费模式的构建，并监督和保护该模式的顺利推广，使绿色消费模式不仅体现了武汉城市圈“两型”社会建设的内涵与本质，更要成为武汉城市圈“两型”社会建设的内在动力。

7.2 消费者应积极参与绿色消费行动

消费者是促进绿色消费的主体。若要推动绿色消费模式的形成，除需要政府、企业、非政府组织等的共同努力外，更加离不开每个消费者对自身消费模式选择的审慎思考。绿色消费需要消费者从生态文明的角度出发，将自己的消费行为既要控制在资源环境的承受范围之内，又不会对他人带来损害和造成负面的社会影响。各地消费者应革除消费陋习，在消费结构上，逐步提高对精神文化生活的需求，提高消费结构合理对绿色消费发展的贡献度。在消费方式上，做到勤俭节约与绿色低碳的有机统一。尽量选择公交绿色出行，鼓励拼车出行，强化节水、节电、节气，提高清洁能源与生态产品使用，提倡环保选购、重复使用和循环利用行为，促进消费过程的减量化、再利用、资源化。

7.2.1　加强消费中的社会责任感，提高消费素质

从本质上讲，消费模式就是整个社会的文明体现。消费者要实施绿色消费时，首先必须要有社会责任感。因为消费既是个体行为，也是一种社会行为。只有将消费的个体行为和社会行为两者有机地结合起来，社会才能在消费过程中实现绿色发展，消费者才能在消费过程中真正享受快乐。若没有强烈的社会责任意识，仅仅认为消费就是满足自身的需求，而不顾及社会上其他人的消费是否受到影响，即便国家营造了鼓励绿色消费的政策环境，奠定了绿色消费的技术基础，居民也难以自觉选择绿色消费模式。在这一点上，我们应该向日本民众学习，日本民众有着强烈的资源忧患意识和环保意识，这体现了一种消费的社会责任感。日本人普遍认为，节约资源不仅仅是为省钱，而是在尽自己的社会责任——为国家节约，为子孙后代造福。个人作为社会的一分子，再小的力量也是一种支持。在满足个人需要的同时，必须考虑是否有利于社会。我国消费者也要主动提高绿色消费意识，消除心理戒备、纠正对绿色消费的错误认识，积极参与绿色消费教育活动、主动选择绿色消费。随着我国城市化的加速，城市居民越来越成为消费污染及资源浪费的主体，社区在人们的日常生活中扮演着越来越重要的角色，我国应充分发挥社区在建立绿色消费模式中的宣传、引导及管理作用，积极创建绿色社区。我国属于高情境社会，消费者容易产生从众行为与模仿行为。不论你属于哪个消费群体的成员，在做较大消费决策时，公众意见或内部示范作用会给个体消费者各种有形无形的影响，使他自觉不自觉地跟从大多数消费者的消费行为。可选择一些消费者首先消费绿色产品，给广大消费者做出示范，让人们认识到这些商品的资源节约、环境友好的特征和功能，通过示范性消费进行绿色消

费模式的引导。然后评选绿色消费先进社区、先进集体、先进个人等荣誉，使个人绿色消费外溢的部分收益内化，在扩大绿色消费社会影响力的同时，为广大消费群体产生良好的示范效应。而当利用示范性消费进行引导时，也就同时在利用模仿性消费进行引导，因为开展示范性消费的目的就是为了引起模仿性消费，从而可促使绿色消费模式的顺利推广。

7.2.2 追求更多丰富的精神消费内容

将马斯洛的需求层次理论引入消费理论研究领域，可以更加深入地分析消费者心理因素对其消费动机和行为的影响，从人的需求来说，从最基本的丰衣足食等生理需要到最高级的自我实现等需要是不断递进的，精神的、文化的需求是人的更高级的需求，满足这种需求的消费就是精神消费。人类的物质消费是精神消费的基础，但精神消费又表现出摆脱与超越物质消费的特征，精神消费可以丰富人类对生命意义和生存价值的认识和体验。只有在精神生活的追求中，个人才能激发出极大的创造热情和生命活力，增强对社会发展的道德关怀和人文思考，提升人的智慧和爱心，实现人的全面发展。人的消费与人的本质相联系，它是一种创造性的活动。如果人的消费活动陷入盲目性，完全沉溺于物质消费，就会倒退为动物的消费，即为一时的感官刺激，可以任意糟蹋自然资源，将会损害社会的整体利益和长远利益，最终损害自己的利益，这就是恶性消费。只有精神生活的追求才能制约人的物质需求的畸形发展。基于此，消费模式的绿色性应使物质与精神并行，不仅倡导基本生活物质需要的满足，更强调人的教育消费、文化消费等精神需要的满足，通过消费行为体现出的人和人之间良好的社会关系和精神风貌。

7.2.3 从身边小事做起，强化自我约束

每一个人都必须采取行动建立绿色消费模式。绿色消费对于居

民来说是一种细微具体的生活消费方式，它不仅要求居民在较大的消费项目支出中讲究适度、合理、节俭，在消费过程中的每个细节也要求居民时时注意避免资源浪费、关注环保，逐步改变铺张浪费的行为习惯；注重对精神文化和生态的追求而不是对物质无节制的消耗，在私人消费中多使用节能型、低碳型、天然原材料成分高的消费品和服务。饮食方面，贯彻《中国食物与营养发展纲要（2014—2020年）》的要求，形成膳食结构多样化的健康消费模式，并将“光盘行动”长期坚持下去。居行方面，提倡环保、绿色居住，尽量选择公交低碳出行，尽量购买小型、小排量汽车，以便用较少的能源消耗和碳排放达到较高的生活满足。用度方面，强化节水、节电、节气，提高清洁能源与绿色产品使用，要考虑再利用甚至再创造产品的使用价值，提倡环保选购、重复使用和循环利用行为。可依托民政部门，在各个社区设立爱心衣物捐赠箱，将家庭的四季服装、闲置棉被、鞋帽、箱包、书以及毛巾、床单等家用纺织物收集并进行捐赠，通过物品的循环式消费，消费排泄物的集中处理，废弃物的再消费，既推动形成勤俭节约的社会风尚，又能尽量减少消费过程中的废弃物排放量，尽可能地减轻消费环节对资源环境的不良影响。

其实一些国家已经把资源节约与环境保护融入到了生活中的每一个细节，例如，尽管美国的国民消费水平位居世界之首位，但美国公立中小学的学生的课本是重复利用的，这一做法应能给我们这样一个启示：不能随意浪费资源。然而，在我国的一些日常生活细节中往往存在大量的资源浪费的现象。如有关机构算过一笔账：城镇居民一般家庭拥有的电视、电脑、空调、热水器、微波炉等家电的待机能耗加在一起，相当于开着一盏30 W的长明灯。不看电视、不用电脑、不听音响，但只要这些电器的插头没拔下来，它们依然在消耗着电能。所以，消费者应该从小处细节着手，来节约资源能源，特别对于家庭而言，要形成低碳化、低能耗的消费模式，比如，用完电器后随手关掉电源，参与二手市场交易、进行以旧换新、变废为宝等消费。人们还应自觉选择节能降污的消费品；使用节能电器；使用无铅汽油，购买小排气量的轿车，出行尽量使用公共交通工具、自行车或步行；节约沐浴用水，缩短沐浴时间，提倡减量消费等。

总之，绿色消费对消费者来讲应该是消费趋优化的过程，即消费者通过选择相对性价比最高的商品和服务来实现效用最大化。从长远角度上看，更高境界的绿色消费应是消费者在消费过程中集合了多种角色，即消费者同时也是生产者和投资者，能够随时发现新的利用空间来发展消费衍生品。

7.3 构筑绿色消费模式的企业生产体系

绿色消费通过对绿色市场的创造，能鼓励企业积累绿色利润，促进企业加大对绿色产品的技术投入，扩大绿色产品种类，提高绿色产品性价比，应培育多元化的公共绿色产品供给主体，打破行政垄断，允许多元所有制成分提供公共绿色产品与服务，特别应逐步放开能源、垃圾、公共交通和污水处理、园林绿化建设开发等公共公用公益事业的经营，实现环境公用事业企业化经营管理，鼓励企业积极进行生产创新、管理创新、产品创新、服务创新，积极贯彻企业绿色生产与营销的责任制度。进一步满足消费者的绿色消费需求，提高城乡居民绿色消费水平。

7.3.1 绿色生产

绿色生产是指企业对原有的高能耗、高污染的生产设备进行改进，以管理和技术为手段，在工业生产的全过程中使污染物的排放最小化，按照有利于生态环境保护的原则组织生产过程，生产绿色产品，满足绿色消费。如在党的十八大报告中所提出的：“着力推进绿色发展、循环发展、低碳发展，形成节约资源和保护环境的空间格局、产业结构、生产方式。”建设生态文明，必须促进生产流通、消费过程的减量化、再利用、资源化。所以，企业应遵循循环经济和企业可持续发展的要求，把节能减排作为现代企业生产的理念和基本要求，追求企业技术创新，开拓绿色产品市场，最终实现企业经济效益、社会效益、生态效益的有机统一。作为产品和服务的供给方，企业在建立绿色消费模式中的主要职责是进行绿色生产，增加绿色消费资料的数量和质量，建立绿色消费的物质基础，丰富我国城乡居民的物质生活。具体可从以下几方面来促进形成绿色消费的生产体系：在新型工业化过程中，企业必须树立绿色生产理念，实施绿色发展战略，在原材料采购、生产标准、运输贮存等方面，坚持环保标准，实施严格监管。

绿色产品生产制度包括以下几个环节：

①坚持产品的绿色设计，坚持循环经济理念。产品设计更要保证其符合资源节约、环境友好的要求。强化企业环境责任，企业要加大以消费安全为基础的多层次的绿色产品的开发力度，致力于提高绿色产品的产能，以满足各种消费阶层的需求，促进适合我国经济发展水平和整体收入水平的绿色产品体系的形成。

在产品生产过程中，建立清洁生产机制和精益生产方式，积极发展循环经济，抓好节能、节水、节地、节材工作，用循环经济的理念延长企业的产业链，在工艺流程设计和重构上下工夫，一方面要支持使用再生材料，推广替代材料，增加新型代用材料，节能降耗，加快淘汰落后产能；另一方面，要推进清洁生产，从源头减少资源的浪费。努力实现废弃物的资源化、减量化、无害化。研究表明，如果加强化节能的措施，大幅度提高能源利用效率，到 2020 年使万元 GDP 能耗降低到 1.54 t 标准煤，我国的能源消费总量就能控制在 30 亿 t 标准煤；另据测算，我国固体废弃物综合利用率若提高 1 个百分点，每年就可减少约 1 000 万 t 废弃物的排放；粉煤灰综合利用率若能提高20%，就可以减少碳排放近4 000万t，能源利用率若能达到世界的先进水平，每年可减少二氧化硫排放400万t，这会使我国的环境质量得到极大改善。

②选择和使用绿色资源和高新技术，促进高效、循环利用资源。降低企业产品环境属性的生产成本，努力降低绿色产品价格。依靠科学技术的进步与创新，加大对绿色产品的研发技术投入，推行低碳经营的理念。要倡导绿色生产，就必须将先进的科学技术降低生产成本，发挥科技创新在全面创新中的引领作用，强化技术创新的“选择”意识，以生态价值为核心，推进传统制造业循环绿色改造，鼓励企业工艺技术装备更新改造。实现科技创新与科技应用方式的转变，提高绿色产品的质量。刻意降低产品的质量，虽然可以缩短产品的生命周期，增加资本的循环速度，产生更多的剩余价值。但是，商品数量急剧增长的后果是资源需求量的骤升和生态环境冲击的增强。提升商品质量，进而提升商品的耐用性，以及单位商品消费所带来的个体满足感，既会减少最终各种垃圾的产量，也会减少生产对资源和生态环境的影响。具体来说，对于产品生产技术，不但要提升经济效率，而且还需大幅度提升生态效率；我国也应加快低碳技术研发，注重氢燃料和纤维素乙醇等车用燃料生产技术，鼓励推广太阳能、风能、生物能源等“低碳能源”技术，推进碳收集与埋存技术的应用，降低产品生产过程中的碳排放和环境损害水平，在生产过程中减少二次污染的现象出现，避免安全隐患；提升单位产品的功效。更长远看，建立以可再生能源、洁净煤、先进核能等为主体的绿色能源体系。优化用能结构，推动建立绿色低碳循环发展产业体系。

③加强企业间的合作，推广绿色生产。绿色生产作为我国绿色消费模式的实现机制之一，构成了绿色发展的基石。企业生产是个兼具封闭与开放的系统，既可在某一单个企业中完成，也可通过企业间能流和物流的交换在企业间完成，即形成供应链体系。我国企

业可借鉴瑞典的经验，按照《企业绿色采购指南（试行）》的要求，构建企业间绿色供应链，加强供应链体系的上下游企业协手合作，贯彻供应链体系全过程的一致性标准和一体化战略，支持使用再生材料，推广替代材料，增加新型代用材料，节能降耗，加快淘汰落后产能，促进资源的高效、循环利用。通过废物交换、清洁生产等手段把一家企业产生的废物或副产品转变为另一家企业的投入或原材料，完成能量多级利用和物质闭路循环，形成相互依存的、彼此间共担社会责任的绿色生产体系，达到物质能量利用最大化和废物排放最小化的目的。供应链体系的上下游企业之间的互动协调关系将使企业获得丰厚的经济、环境和社会效益。随着传统产业产能过剩问题日益突出，以及互联网经济的崛起和消费者个性化诉求的增长，近两年，需求驱动的 C2B（即消费者对企业，consumer to business）个性化定制悄然兴起。在 C2B 模式中，企业按照用户需求进行规模采购或生产，降低甚至消除库存和相应的成本，实现精准营销。对消费者来说，获得了消费主导权，满足了个性化和体验式需求。除了家电业，其他行业也在积极推进 C2B 定制模式，比如服装、家具、农产品、旅游产品等的绿色包装。企业在包装产品时，也要体现节约意识，防止过度包装，而应选择轻便、易于回收再用或再生的材料，企业应坚持诚信原则，正确使用绿色标签，客观宣传绿色产品，提高消费者的绿色消费满意度。企业还需积极进行管理创新、服务创新，加强绿色组织建制，要招聘更多的具有环境知识背景的人才。并且，企业要充分整合政府部门、科研机构、高等院校等各种资源，加大产学研合作机制，为企业的绿色管理转变提供科技支撑与智力支持。

7.3.2　绿色营销

企业在销售产品时，也应减少无益服务和垃圾信息的投放，多开展环境公益项目，将节约文化注入到品牌精神中，提升企业形象。

具体如下：第一，要抓好绿色产品品牌的建设和推广。对绿色产品的品牌设计要充分反映环保、绿色、生态文化的意蕴，激发消费者的购买兴趣。第二，要对绿色产品的市场需求、市场份额、消费者的购买意愿和支付能力进行深入的营销调研及分析，充分做好绿色产品价格可接受性分析，采用适合市场的绿色价格制度，尤其对一线城市、二线城市以及农村地区可采取不同的价格策略。第三，通过大力创造消费者体验，提升消费者对绿色产品的购买与使用，当消费者有直接的产品体验时，他们的态度就更可能与随后的消费行为有关。缺乏产品体验可能会导致较弱的态度倾向。第四，抓好潜在客户群的培养，增强消费者对产品“绿色”特性的心理信任。内向型消费者对绿色产品的购买意向受行为态度的影响更显著，即绿色产品带给这类消费者的顾客价值必须是性价比上的合理性与吸引力。而外向型消费者对绿色产品的购买意向受主观规范影响更显著，即绿色产品带给这类消费者的顾客价值必须是社会的认同感或者道德的优越感；因此，要赢得消费者对产品“绿色”特性的心理信任，提高客户的满意度，兼顾绿色产品基于环境效用与经济效用的顾客价值，是激发消费者绿色产品购买意向与行为的关键。第五，提高营销渠道的绿色程度。推广现代化的网络营销体系，实现销售渠道的绿色化、扁平化。健全绿色流通体系，设立绿色连锁超市、绿色专卖店和绿色批发市场，繁荣绿色消费市场，促进绿色消费模式的完善。第六，加强对营销渠道上工作的人员进行绿色教育，促进绿色文化注入到品牌精神中，在提供绿色产品供人们消费的同时，潜移默化地影响消费者。并制订绿色工作标准，方便在产品流通过程中对员工工作的考核。

7.4 重视绿色消费模式中非政府组织的作用

在欧洲国家和日本，环境保护的概念已经深入人心。在我国，尽管我国是最大的发展中国家和最大的温室气体排放国，但一些人依然存在一种与经济发展和环境保护对立的思维。所以，在组织构建上，政府应牵头成立一些群众性组织和非政府组织，健全各种环保组织与协会、低碳经济协会，行业协会是很好的有关特定产业部门的信息源，应积极发挥这些组织的作用，履行绿色环保组织和消费者协会的绿色消费观的教育、培训、倡导的职能，支持他们处理消费者的相关投诉，帮助消费者运用法律武器维权，并对侵犯消费者绿色消费权益的行为实施有效的干预，对于一些非绿色消费行为，则通过舆论、录像和媒体监督等手段进行披露、曝光与禁止。营造低碳消费的良好社会风尚。

无论是哪个国家、什么样形式的活动，共同声音只有一个，迈向哥本哈根，拯救人类气候需要全球合作。创办至今 38 年，作为国际环保团体，绿色和平坚信经济发展不应以破坏环境为代价。“保护地球、环境及其各种生物的安全及持续性发展，并以行动作出积极的改变。”是绿色和平组织的使命；其宗旨是促进实现一个更为绿色，和平和绿色发展的未来，尽力阻止有违以上使命和宗旨的行为。为促进生态文明建设，我们应该积极发挥绿色和平组织在我国调查、揭露、建言、倡导的工作。

加强消费者协会的职能，切实维护绿色消费者的权益。消费者协会作为社会团体组织，其职能是通过自己的活动提高消费者的消费能力，保障消费者的安全权，监督经营者的行为，促进市场秩序的规范，营造安全放心的消费环境，事先预防侵害消费者权益的行为，承担着消费维权的社会监督的职能。应进一步加强消费者协会在宣传教育、检查监督、检测机构等方面工作，积极、及时、公平处理消费者在绿色消费中的投诉，加大对消费者的维权力度，增强消费者对绿色消费的信心。还有，从维护消费者权益出发，积极深化绿色消费主题活动，在全国或各地开展节能、环保消费产品评比、推荐活动。采取企业自愿申请、有关部门和各地推荐、消费者和有关专家评议的方法，评比、推荐出一批节能、环保消费产品，鼓励企业多生产绿色产品，引导消费者绿色消费。再比如，我国各地消费者协会通过开展“消费与资源环境”的主题活动，组织召开座淡会、研讨会，举办有关讲座，倡导绿色消费模式，树立绿色消费观，强化消费安全意识，减少消费对环境的负面影响；或者开通相关网站，设置产品查询、功能居室、装修词典等专栏，帮助家庭装饰装修消费者绿色消费和引导消费建材行业健康发展服务，鼓励各地因地制宜地采取各种有效形式来激励消费者更多使用环境友好型产品，节约资源，推广绿色清洁能源，摆脱对煤炭和其他化石原料的依赖，减少我国温室气体排放和极端天气事件发生的频率，促进人与自然和谐相处。同时，在农村地区，为避免由于不恰当施用化肥、农药造成环境污染、土地板结等不良后果，消费者协会还可组织开展科学使用化肥、农药等消费教育活动，使绿色消费观念深入人心，促进整个社会的绿色消费模式的推广。

同时，应加强社会团体和民间机构对绿色消费模式的理论研究，发挥他们的话语权和影响力。消费者的态度通常是与其所属团体的要求和期望相一致的。这是因为团体的规范和习惯力量会无形中形成一种压力影响团体内成员的态度。如果个人与所属团体内大多数人的意见相一致，他就会得到有力的支持；否则，就会感受到来自团体的压力。应加强社会团体和民间机构对绿色消费模式的关注，支持他们为有关行政部门制定有关消费政策、消费者保护政策提供重要决策依据，欢迎他们参与政府绿色发展的宏观决策，并鼓励民间社团对企业和消费者行为的监督作用。通过解纷程序在内的改革以及增强非政府组织自身的综合竞争力，增强在绿色消费模式构建，以及调解消费者权益纠纷的职能。

本章小结：面对绿色消费模式的各种障碍，构建绿色消费模式是一项系统工程，需要发挥各方力量，动用各种手段。由于市场自身的局限性，仅仅依靠市场机制是难以构建整个社会的绿色消费模式。因此，政府在促进绿色消费中所扮演的角色应是宏观方向的引领者，要利用经济管理手段、法律手段以及宣传手段构建政策体系引导消费主体实施绿色消费。消费者应该加强消费的责任意识，提高消费素质，追求更多丰富的精神消费内容，从身边小事做起，强化自我约束。企业在建立绿色消费模式中的主要职责是依靠科学技术的进步与创新，构建绿色消费模式的企业生产体系。我们也应重视非政府组织参与绿色消费模式中的作用。

参考文献

[1] 李本美. 低碳经济下促进我国绿色消费的立法思考. 唐山学院学报，2012，25（2）：67-70.

[2] 李迎丰. 创造和谐的消费环境——浅议改善消费环境的基本途径. 中国质量报，2012-03-16（03）.

[3] 张惠玲. 构建和谐社会要重视社会精神的和谐. 理论导刊，2006（6）：37-39.

[4] 郑方云. 发展新型消费业态　倡导绿色消费模式. 中国商贸，2011（Z1）：54-55.

[5] 白光林，万晨阳. 城市居民绿色消费现状及影响因素调查. 消费经济，2012，28（2）：92-94.

[6] 袁志彬. 中国绿色消费的主要领域和对策探索. 消费经济，2012，28（3）：8-11.

[7] 胡鞍钢. 面向 21 世纪的我国消费模式. 经济研究参考（经济学文摘专辑），1999（55）：37.

[8] 严先溥. 适应多样化消费新常态增强消费驱动力. 金融与经济，2015（2）：37-39，56.

[9] 宁淼，王彤，徐云. 资源节约型与环境友好型社会技术选择及其创新激励机制的比较研究. 中国人口・资源与环境，2008（4）：134-138.

[10] 蔡新华，刘静. 垃圾分类做得好，绿色账户有奖励. 中国环境报，2014-10-14（12）.

[11] 李通屏. 中国消费制度变迁研究. 北京：经济科学出版社，2005：261.

[12] 胡少华. 美国消费信贷快速发展对我国商业银行的警示——基于风险控制的视角. 金融理论与实践，2008（8）：107-111.

[13] 赵帅. 经济新常态下我国居民消费与经济增长研究. 商场现代化，2015（4）：23.

[14] 李涛，陈斌开. 家庭固定资产、财富效应与居民消费来自中国城镇家庭的经验证据. 经济研究，2014（3）：62-75.

[15] 孙长坪，高学余. 完善绿色税制 促进绿色消费. 消费经济，2013，29（5）：78-80.

[16] 刘丽敏. 对完善中国绿色税收法律体系的思考. 河北学刊，2007（6）：191-195.

[17] 倪琳. 论“两型社会”建设视阈下生态消费模式的构建. 理论月刊，2013（3）：142-144，92.

[18] 吴力佳，徐珍君. 低碳经济环境下绿色消费税制的完善. 商业会计，2011（23）：35-36.

[19] 刘美平. 论经济新常态下中国城乡的生态消费. 中州学刊，2015（2）：30-33.

[20] 白重恩，吴斌珍，金烨. 中国养老保险缴费对消费和储蓄的影响. 中国社会科学，2012（8）：487-71.

[21] 何兴强，史卫. 健康风险与城镇居民家庭消费. 经济研究，2014，49（5）：34-48.

[22] 雷潇雨，龚六堂. 城镇化对于居民消费率的影响：理论模型与实证分析. 经济研究，2014，49（6）：44-57.

[23] 倪琳. 论“两型社会”建设视阈下生态消费模式的构建. 理论月刊，2013（3）：142-144，92.

[24] 曹立生. 消费品市场平稳运行增幅再放缓，大众化理性化消费成为新常态. 中国商贸，2014（36）：17-19.

[25] 人民日报评论员. 抓好生态文明建设这项政治任务——论深入推进生态文明建设. 人民日报，2015-05-06（01）.

[26] 张欢，成金华，冯银，等. 特大型城市生态文明建设评价指标体系及应用研究——以武汉市为例. 生态学报，2015，35（2）：1-15.

[27] 陈军，成金华. 宜居是城市生态文明建设的根本目标. 光明日报，2013-10-12（11）.

[28] 吴晶晶，杨维汉. 中国发布 96 项环境标志标准. http：//env.people.com.cn/n/2014/1008/c1010-25784427.html，2014-10-08.

[29] 肖植雄，张树恒. 加快广东省绿色食品发展的措施. 广东农业科学，2010（12）：185-187.

[30] 王亚京. 中国环境标志引领、推动中国绿色产品的发展. 中国环境报，2014-10-14.

[31] 成金华，孙琼，郭明晶，等. 中国生态效率的区域差异及动态演化研究. 中国人口·资源与环境，2014，24（1）：47-54.

[32] 倪琳，成金华，李小帆，等. 中国生态消费发展指数测度研究. 中国人口·资源与环境，2015，24（3）：1-11.

[33] 王明彦. 基于科学发展观的生态消费及其实现. 消费经济，2009，25（3）：54-57.

[34] 海鸣. 如何引导形成“两型社会消费”. 人民日报，2010-11-26（07）.

[35] 董学兵，杨智，李盈. 城市居民可持续消费行为的影响因素. 城市问题，2012（10）：55-61.

[36] 洪燕杰. 家电待机耗电相当于一盏 30 瓦的长明. http://www.people.com.cn/GB /shenghuo/1089/2550994.html，2004-06-07.

[37] 许进杰. 资源性产品供给紧约束条件下的公共绿色消费、经济增长与消费公平. 商业研究，2013（11）：23-28.

[38] 赵方园. 居民绿色消费与生态文明建设刍议. 信阳农林学院学报，2015（1）：16-19.

[39] 徐瑞蓉. 绿色消费的理论与实践. 福建师范大学，2007：56-60.

[40] 李永波. 绿色消费对企业产品战略的引致机制分析. 软科学，2014，28（2）：56-60.

[41] 牛禄青. C2B 定制引领消费新常态. 新经济导刊，2015（Z1）：69-73.
[42] 崔文婷. 绿色消费动力机制模型研究. 天津：天津大学，2010.
[43] 劳可夫. 消费者创新性对绿色消费行为的影响机制研究. 南开管理评论，2013，16（4）：106-113.
[44] 张露，帅传敏，刘洋. 消费者绿色消费行为的心理归因及干预策略分析——基于计划行为理论与情境实验数据的实证研究. 中国地质大学学报：社会科学版，2013（5）：49-55.
[45] 韩雪. 绿色和平：一个 NGO 组织的使命. 中国改革，2009（11）：28-30.
[46] 侯先锋. 浅论消费者协会的职能. 则经政法资讯，2009（4）：13-17.